21世纪高等学校规划教材 | 计算机应用

C语言程序设计

张　静　杜庆东　主　编
侯彤璞　闫　红　副主编

清华大学出版社
北京

内 容 简 介

本书全面而又系统地讲解了 C 语言程序设计的基础知识及程序设计语句和常用的编程方法,力求给读者打下一个扎实的程序设计基础,培养读者程序设计的能力。主要内容包括 C 语言程序设计基础知识、基本数据类型及运算符、C 语言的控制结构、数组、函数、指针、结构体、编译预处理、文件等。本教材采用循序渐进、深入浅出、通俗易懂的讲解方法,本着理论与实际相结合的原则,通过大量经典实例对 C 语言知识进行重点讲解,使程序设计语言的初学者能够掌握利用 C 语言进行结构化程序设计的技术和方法。

本书以 C 编程基本技能训练为主线,突出基本技能的掌握,重视对程序设计和 C 语言基本概念、原理和规则的讲解,力求给读者打下一个扎实的基础,培养读者良好的编程风格,提高读者进一步学习其他程序设计语言的能力。

本书适用于高等学校各专业程序设计基础教学,特别适合作为应用型本科、高职院校的计算机及非计算机相关专业的学生使用,同时也可作为参加计算机等级考试和其他自学者的参考用书。

本书封面贴有清华大学出版社防伪标签,无标签者不得销售。
版权所有,侵权必究。举报: 010-62782989, beiqinquan@tup.tsinghua.edu.cn。

图书在版编目(CIP)数据

C 语言程序设计/张静,杜庆东主编. --北京:清华大学出版社,2015(2025.2重印)
21 世纪高等学校规划教材·计算机应用
ISBN 978-7-302-39143-2

Ⅰ. ①C… Ⅱ. ①张… ②杜… Ⅲ. ①C 语言—程序设计—高等学校—教材 Ⅳ. ①TP312

中国版本图书馆 CIP 数据核字(2015)第 037863 号

责任编辑: 付弘宇 薛阳
封面设计: 傅瑞学
责任校对: 焦丽丽
责任印制: 刘海龙

出版发行: 清华大学出版社
    网 址: https://www.tup.com.cn, https://www.wqxuetang.com
    地 址: 北京清华大学学研大厦 A 座   邮 编: 100084
    社 总 机: 010-83470000   邮 购: 010-62786544
    投稿与读者服务: 010-62776969, c-service@tup.tsinghua.edu.cn
    质量反馈: 010-62772015, zhiliang@tup.tsinghua.edu.cn
    课件下载: https://www.tup.com.cn, 010-83470236
印 装 者: 三河市君旺印务有限公司
经 销: 全国新华书店
开 本: 185mm×260mm 印 张: 16 字 数: 388 千字
版 次: 2015 年 3 月第 1 版 印 次: 2025 年 2 月第 9 次印刷
印 数: 7501～7800
定 价: 49.00 元

产品编号: 062557-02

出版说明

随着我国改革开放的进一步深化,高等教育也得到了快速发展,各地高校紧密结合地方经济建设发展需要,科学运用市场调节机制,加大了使用信息科学等现代科学技术提升、改造传统学科专业的投入力度,通过教育改革合理调整和配置了教育资源,优化了传统学科专业,积极为地方经济建设输送人才,为我国经济社会的快速、健康和可持续发展以及高等教育自身的改革发展做出了巨大贡献。但是,高等教育质量还需要进一步提高以适应经济社会发展的需要,不少高校的专业设置和结构不尽合理,教师队伍整体素质亟待提高,人才培养模式、教学内容和方法需要进一步转变,学生的实践能力和创新精神亟待加强。

教育部一直十分重视高等教育质量工作。2007年1月,教育部下发了《关于实施高等学校本科教学质量与教学改革工程的意见》,计划实施"高等学校本科教学质量与教学改革工程(简称'质量工程')",通过专业结构调整、课程教材建设、实践教学改革、教学团队建设等多项内容,进一步深化高等学校教学改革,提高人才培养的能力和水平,更好地满足经济社会发展对高素质人才的需要。在贯彻和落实教育部"质量工程"的过程中,各地高校发挥师资力量强、办学经验丰富、教学资源充裕等优势,对其特色专业及特色课程(群)加以规划、整理和总结,更新教学内容、改革课程体系,建设了一大批内容新、体系新、方法新、手段新的特色课程。在此基础上,经教育部相关教学指导委员会专家的指导和建议,清华大学出版社在多个领域精选各高校的特色课程,分别规划出版系列教材,以配合"质量工程"的实施,满足各高校教学质量和教学改革的需要。

为了深入贯彻落实教育部《关于加强高等学校本科教学工作,提高教学质量的若干意见》精神,紧密配合教育部已经启动的"高等学校教学质量与教学改革工程精品课程建设工作",在有关专家、教授的倡议和有关部门的大力支持下,我们组织并成立了"清华大学出版社教材编审委员会"(以下简称"编委会"),旨在配合教育部制定精品课程教材的出版规划,讨论并实施精品课程教材的编写与出版工作。"编委会"成员皆来自全国各类高等学校教学与科研第一线的骨干教师,其中许多教师为各校相关院、系主管教学的院长或系主任。

按照教育部的要求,"编委会"一致认为,精品课程的建设工作从开始就要坚持高标准、严要求,处于一个比较高的起点上;精品课程教材应该能够反映各高校教学改革与课程建设的需要,要有特色风格、有创新性(新体系、新内容、新手段、新思路,教材的内容体系有较高的科学创新、技术创新和理念创新的含量)、先进性(对原有的学科体系有实质性的改革和发展,顺应并符合21世纪教学发展的规律,代表并引领课程发展的趋势和方向)、示范性(教材所体现的课程体系具有较广泛的辐射性和示范性)和一定的前瞻性。教材由个人申报或各校推荐(通过所在高校的"编委会"成员推荐),经"编委会"认真评审,最后由清华大学出版社审定出版。

目前,针对计算机类和电子信息类相关专业成立了两个"编委会",即"清华大学出版社计算机教材编审委员会"和"清华大学出版社电子信息教材编审委员会"。推出的特色精品教材包括:

(1) 21世纪高等学校规划教材·计算机应用——高等学校各类专业,特别是非计算机专业的计算机应用类教材。

(2) 21世纪高等学校规划教材·计算机科学与技术——高等学校计算机相关专业的教材。

(3) 21世纪高等学校规划教材·电子信息——高等学校电子信息相关专业的教材。

(4) 21世纪高等学校规划教材·软件工程——高等学校软件工程相关专业的教材。

(5) 21世纪高等学校规划教材·信息管理与信息系统。

(6) 21世纪高等学校规划教材·财经管理与应用。

(7) 21世纪高等学校规划教材·电子商务。

(8) 21世纪高等学校规划教材·物联网。

清华大学出版社经过三十多年的努力,在教材尤其是计算机和电子信息类专业教材出版方面树立了权威品牌,为我国的高等教育事业做出了重要贡献。清华版教材形成了技术准确、内容严谨的独特风格,这种风格将延续并反映在特色精品教材的建设中。

清华大学出版社教材编审委员会
联系人:魏江江
E-mail:weijj@tup.tsinghua.edu.cn

前 言

　　C语言是广泛使用的计算机程序设计语言之一，是大学普遍开设的程序设计课程。C语言具有表达能力强、概念和功能丰富、目标程序质量高、可移植性好、使用灵活方便等特点，既具有高级语言的优点，又具有低级语言的某些特点。能够有效地用来编制各种系统软件和应用软件，是当今流行的一种计算机语言。

　　C语言涉及的概念多、规则复杂、容易出错，初学者往往感觉困难。本教材在详细阐述程序设计基本概念、原理和方法的基础上，采用循序渐进、深入浅出、通俗易懂的讲解方法，本着理论与实际相结合的原则，通过大量经典实例重点讲解了C语言的概念、规则和使用方法，使程序设计语言的初学者能够在建立正确程序设计理念的前提下，掌握利用C语言进行结构化程序设计的技术和方法。全书共9章，主要内容包括C语言程序设计基础知识、基本数据类型及运算符、C语言的控制结构、数组、函数、指针、结构体、编译预处理和文件。书中对数组、函数、指针、变量的存储类型、结构体和共用体、文件等重点和难点内容进行了深入讲解和分析。本书可作为高等学校各专业程序设计基础教学的教材，特别适合作为应用型本科、高职院校的计算机及非计算机专业的学生使用，同时也可作为编程人员和C语言自学者的参考用书。

　　本书的第1章、第4章、第9章由杜庆东编写；第2章、第3章由闫红编写；第5章、第6章由张静编写；第7章由侯彤璞、郝颖编写；第8章由侯彤璞、高婕姝编写；附录由封雪编写；全书由王丽君主审。最后还要感谢为本书付出心血的编辑、审稿人员等各位朋友！

　　为了帮助读者学习，每章设有小结和习题；同时本书还有配套的《C语言程序设计上机实验指导及习题解答》的实验教材，重点介绍了Visual C++6.0编译系统的使用方法，使学生在学习过程中能迅速掌握C语言程序的编写、编译、调试和运行方法。

　　由于编者水平有限，书中难免存在一些缺点和错误，殷切希望广大读者批评指正。

作　者
2014年11月

目　录

第1章　C语言概述 ··· 1

  1.1　C语言的发展与特点 ·· 1

    1.1.1　程序设计语言 ·· 1

    1.1.2　C语言的发展 ·· 3

    1.1.3　C语言的特点 ·· 3

  1.2　程序设计基础 ·· 5

    1.2.1　程序设计的基本概念 ·· 5

    1.2.2　程序设计方法 ·· 6

    1.2.3　结构化分析方法 ·· 7

  1.3　C语言程序的结构 ·· 9

    1.3.1　基本程序结构 ·· 9

    1.3.2　函数库和连接 ·· 10

    1.3.3　C语言词汇 ·· 10

  1.4　C语言程序的开发与环境 ·· 12

    1.4.1　C语言程序的开发 ·· 12

    1.4.2　C语言程序的开发环境 ·· 13

  本章小结 ·· 16

  习题1 ·· 16

第2章　数据描述与基本操作 ·· 17

  2.1　数据类型概述 ·· 17

  2.2　常量与变量 ·· 18

    2.2.1　常量 ·· 19

    2.2.2　变量 ·· 21

  2.3　运算符与表达式 ·· 24

    2.3.1　算术运算符与算术表达式 ·· 25

    2.3.2　赋值运算符与赋值表达式 ·· 26

    2.3.3　关系运算符与关系表达式 ·· 27

    2.3.4　逻辑运算符与逻辑表达式 ·· 29

    2.3.5　条件运算符与条件表达式 ·· 31

    2.3.6　逗号运算符与逗号表达式 ·· 31

  2.4　位运算 ·· 32

2.4.1 按位与、或、异或运算……32
2.4.2 求反运算……33
2.4.3 按位左、右移运算……33
2.5 输入和输出函数……35
2.5.1 字符的输入与输出函数……35
2.5.2 格式输入与输出函数……36
2.6 不同数据类型之间的转换……40
2.6.1 自动转换……40
2.6.2 强制类型转换……42
本章小结……43
习题2……43

第3章 C语言的控制结构……46

3.1 结构化程序设计……46
3.1.1 结构化程序的基本结构……46
3.1.2 结构化程序设计的特点……47
3.1.3 结构化程序设计的方法……48
3.1.4 结构化程序设计的步骤……48
3.2 顺序结构程序设计……49
3.3 选择结构程序设计……55
3.3.1 if 语句……55
3.3.2 switch 语句……61
3.4 循环结构程序设计……63
3.4.1 while 语句……63
3.4.2 do-while 语句……65
3.4.3 for 语句……66
3.4.4 几种循环的比较……68
3.4.5 循环结构的嵌套……69
3.4.6 break 语句和 continue 语句……70
3.5 应用举例……73
本章小结……76
习题3……77

第4章 数组……78

4.1 一维数组的定义和引用……78
4.1.1 一维数组的定义……78
4.1.2 一维数组的初始化……80
4.1.3 一维数组元素的引用……81
4.1.4 一维数组的应用举例……82

4.2 二维数组的定义和引用 ··· 87
    4.2.1 二维数组的定义 ·· 88
    4.2.2 二维数组的初始化 ·· 89
    4.2.3 二维数组元素的引用 ·· 90
    4.2.4 二维数组元素应用举例 ·· 90
4.3 字符数组的定义和引用 ··· 94
    4.3.1 字符数组的定义 ·· 94
    4.3.2 字符数组的初始化 ·· 94
    4.3.3 字符数组的引用 ·· 96
    4.3.4 字符串与字符数组 ·· 98
    4.3.5 字符数组的输入与输出 ·· 99
    4.3.6 字符串处理函数 ··· 102
    4.3.7 字符数组应用举例 ··· 106
本章小结 ··· 112
习题 4 ·· 112

第 5 章 函数 ··· 113

5.1 模块化程序设计与函数 ··· 113
    5.1.1 模块化程序设计原则 ··· 113
    5.1.2 C 语言源程序的结构 ··· 114
5.2 函数的定义 ·· 115
    5.2.1 函数的定义形式 ··· 115
    5.2.2 函数参数 ·· 117
5.3 函数调用与返回值 ··· 117
    5.3.1 函数调用 ·· 118
    5.3.2 函数的返回值 ··· 120
    5.3.3 函数的声明 ··· 121
5.4 函数的递归调用 ·· 122
    5.4.1 递归定义 ·· 122
    5.4.2 递归算法 ·· 122
5.5 数组作为函数参数 ··· 124
    5.5.1 数组元素作为函数的参数 ·· 124
    5.5.2 一维数组名作函数参数 ·· 126
    5.5.3 用多维数组作函数参数 ·· 128
5.6 变量的作用域与存储属性 ··· 129
    5.6.1 变量的作用域 ··· 129
    5.6.2 变量的存储属性 ··· 132
5.7 内部函数和外部函数 ·· 136
    5.7.1 内部函数 ·· 136

5.7.2　外部函数 …………………………………………………………………… 137
　5.8　带参数的 main 函数 …………………………………………………………………… 137
　本章小结 …………………………………………………………………………………… 137
　习题 5 ……………………………………………………………………………………… 138

第 6 章　指针 …………………………………………………………………………… 139

　6.1　指针的概念 …………………………………………………………………………… 139
　6.2　指针变量的定义和运算 ……………………………………………………………… 140
　　　6.2.1　指针变量的定义 …………………………………………………………… 140
　　　6.2.2　赋值运算 …………………………………………………………………… 140
　　　6.2.3　算术运算 …………………………………………………………………… 142
　6.3　指针与数组 …………………………………………………………………………… 143
　　　6.3.1　指向一维数组的指针 ……………………………………………………… 143
　　　6.3.2　指向二维数组的指针 ……………………………………………………… 146
　　　6.3.3　指向字符串的指针 ………………………………………………………… 149
　6.4　指针与函数 …………………………………………………………………………… 150
　　　6.4.1　指针变量作为函数参数 …………………………………………………… 150
　　　6.4.2　指向数组的指针作为函数参数 …………………………………………… 151
　　　6.4.3　指针作为函数的返回值 …………………………………………………… 155
　　　6.4.4　指向函数的指针变量 ……………………………………………………… 156
　6.5　指针数组与指向指针的指针 ………………………………………………………… 158
　　　6.5.1　指针数组 …………………………………………………………………… 158
　　　6.5.2　指向指针的指针 …………………………………………………………… 160
　本章小结 …………………………………………………………………………………… 161
　习题 6 ……………………………………………………………………………………… 161

第 7 章　构造数据类型 ………………………………………………………………… 162

　7.1　结构体数据类型 ……………………………………………………………………… 162
　　　7.1.1　结构体类型的定义 ………………………………………………………… 163
　　　7.1.2　结构体类型变量的定义 …………………………………………………… 163
　　　7.1.3　结构体变量的初始化 ……………………………………………………… 165
　　　7.1.4　结构体变量成员的引用 …………………………………………………… 167
　7.2　结构体数组 …………………………………………………………………………… 169
　　　7.2.1　结构体数组的定义 ………………………………………………………… 169
　　　7.2.2　结构体数组的初始化 ……………………………………………………… 170
　　　7.2.3　结构体数组的引用 ………………………………………………………… 171
　7.3　结构体指针 …………………………………………………………………………… 172
　　　7.3.1　指向结构体变量的指针 …………………………………………………… 172
　　　7.3.2　指向结构体数组的指针 …………………………………………………… 174

7.4 结构体类型数据在函数中的应用 ································ 175
    7.4.1 结构体类型作为函数参数 ································ 175
    7.4.2 结构体类型作为函数返回值 ······························ 176
7.5 链表 ·· 178
    7.5.1 动态存储分配 ·· 178
    7.5.2 链表的操作 ·· 179
7.6 共用体数据类型 ·· 186
7.7 枚举类型 ·· 189
7.8 类型定义符 typedef ······································ 191
本章小结 ·· 192
习题 7 ·· 193

第 8 章 编译预处理

8.1 宏定义 ·· 194
    8.1.1 无参宏定义 ·· 195
    8.1.2 有参宏定义 ·· 198
8.2 文件包含 ·· 201
8.3 条件编译 ·· 203
本章小结 ·· 205
习题 8 ·· 205

第 9 章 文件

9.1 C 文件概述 ·· 207
    9.1.1 C 文件的分类 ······································· 207
    9.1.2 缓冲文件系统和非缓冲文件系统 ·························· 208
    9.1.3 文件指针 ·· 209
9.2 文件的打开与关闭 ·· 210
    9.2.1 文件的打开 ·· 210
    9.2.2 文件的关闭 ·· 212
9.3 文件的读写 ·· 212
    9.3.1 字符读写函数 ·· 213
    9.3.2 字符串读写函数 ······································ 216
    9.3.3 数据块读写函数 ······································ 218
    9.3.4 格式化读写函数 ······································ 221
9.4 文件定位函数 ·· 222
    9.4.1 重置文件指针函数 ···································· 223
    9.4.2 文件定位函数 ·· 223
    9.4.3 取指针位置函数 ······································ 224
9.5 文件出错检测函数 ·· 225

9.5.1 读写出错检测函数 ·· 225
9.5.2 清除文件出错标志函数 ·· 225
9.5.3 关闭文件函数 ··· 226
本章小结 ·· 227
习题 9 ··· 227

附录 A 常用字符与 ASCII 代码对照表 ·································· 228

附录 B C 语言中的关键字 ··· 229

附录 C 运算符和结合性 ·· 230

附录 D C 语言常用语法提要 ·· 232

附录 E C 库函数 ··· 236

参考文献 ··· 242

第 1 章 C语言概述

C语言是一种计算机程序设计语言,既有高级语言的特点,又有汇编语言的特点;可以作为工作系统设计语言,编写系统应用程序,也可以作为应用程序设计语言,编写不依赖计算机硬件的应用程序。它的应用范围广泛,具备很强的数据处理能力,不仅仅是在软件开发上,而且各类科研以及信息产品都需要用到C语言,目前主要适用于开发控制系统、信息设备的驱动程序等,具体应用例如单片机以及嵌入式系统开发。全国计算机等级考试也设有C语言考试科目。

本章要点

> C语言与其他程序设计语言的区别;
> 程序设计的基本概念;
> C语言程序的基本结构。

1.1 C语言的发展与特点

1.1.1 程序设计语言

1. 程序设计语言概述

程序设计语言是用于书写计算机程序的语言,是程序员与计算机"对话"的基本工具。无论是程序设计语言还是人类的语言都具有语言的一些共同特征。它们的基础就是一组记号和一组规则。根据规则由记号构成的记号串的总体就是语言。在程序设计语言中,这些记号串就是程序。在人类语言中,记号串就是一句话。

在计算机程序设计中有许多用于特殊用途的语言,有的只在特殊情况下使用。例如,PHP专门用来显示网页,Perl更适合文本处理,C语言被广泛用于操作系统和编译器(所谓的系统编程)的开发。

高级程序设计语言的出现使得计算机程序设计语言不再过度地依赖某种特定的机器或环境。这是因为高级语言在不同的平台上会被编译成不同的机器语言,而不是直接被机器执行。最早出现的编程语言之一FORTRAN的一个主要目标就是实现平台独立。

自20世纪60年代以来,世界上公布的程序设计语言已有上千种之多,但是只有很少一部分得到了广泛的应用。从发展历程来看,随着计算机技术的发展程序设计语言可以分为四代。

第一代机器语言是由二进制0、1代码指令构成的,不同的CPU具有不同的指令系统。机器语言程序难编写、难修改、难维护,需要用户直接对存储空间进行分配,编程效率极低。

第二代汇编语言是机器指令的符号化,与机器指令存在着直接的对应关系,但是汇编语言同样存在着难学难用、容易出错、维护困难等缺点。汇编语言也有自己的优点:可直接访问系统接口,汇编程序翻译成的机器语言程序的效率高。从软件工程角度来看,只有在高级语言不能满足设计要求,或不具备支持某种特定功能的技术性能(如特殊的输入输出)时,才使用汇编语言。

第三代高级语言是面向用户的、基本上独立于计算机种类和结构的语言,其最大的优点是:形式上接近于算术语言和自然语言,概念上接近于人们通常使用的概念。高级语言的一个命令可以代替几条、几十条甚至几百条汇编语言的指令。因此,高级语言易学易用,通用性强,应用广泛。

第四代语言4GL是非过程化语言,编码时只需说明"做什么",不需要描述算法细节。

数据库查询和应用程序生成器是4GL的两个典型应用。用户可以用数据库查询语言(SQL)对数据库中的信息进行复杂的操作。用户只需将要查找的内容在什么地方、根据什么条件进行查找等信息告诉SQL,SQL将自动完成查找过程。应用程序生成器则是根据用户的需求"自动生成"满足需求的高级语言程序。真正的第四代程序设计语言还没有出现,目前所谓的第四代语言大多是指基于某种语言环境上具有4GL特征的软件工具产品,如SystemZ、PowerBuilder、FOCUS等。第四代程序设计语言是面向应用、为最终用户设计的一类程序设计语言。它具有缩短应用开发过程、降低维护代价、最大限度地减少调试过程中出现的问题以及对用户友好等优点。

2. 高级程序设计语言分类

高级语言种类繁多,可以从应用特点和对客观系统的描述两个方面对其进一步分类。

1)从应用角度分类

从应用角度来看,高级语言可以分为基础语言、结构化语言和专用语言。

(1)基础语言。

基础语言也称通用语言。它历史悠久,流传很广,有大量已开发的软件库,拥有众多的用户,为人们所熟悉和接受。属于这类语言的有FORTRAN、COBOL、BASIC、ALGOL等。BASIC语言是在20世纪60年代初为适应分时系统而研制的一种交互式语言,可用于一般的数值计算与事务处理。BASIC语言结构简单,易学易用,并且具有交互能力,成为许多初学者学习程序设计的入门语言。

(2)结构化语言。

结构化程序设计的主要观点是采用自顶向下、逐步求精及模块化的设计方法;使用三种基本控制结构构造程序,任何程序都可由顺序、选择、循环三种基本控制结构构造。结构化程序设计主要强调的是程序的易读性。20世纪70年代以来,结构化程序设计和软件工程的思想日益为人们所接受。在它们的影响下,先后出现了一些很有影响的结构化语言,这些结构化语言直接支持结构化的控制结构,具有很强的过程结构和数据结构能力。PASCAL、C、Ada语言就是它们的突出代表。

(3) 专用语言。

专用语言是为某种特殊应用而专门设计的语言,通常具有特殊的语法形式。一般来说,这种语言的应用范围狭窄,移植性和可维护性不如结构化程序设计语言。随着时间的发展,被使用的专业语言已有数百种,应用比较广泛的有 APL 语言、Forth 语言、LISP 语言。

2) 从客观系统的描述分类

从描述客观系统来看,程序设计语言可以分为面向过程语言和面向对象语言。

(1) 面向过程语言。

以"数据结构＋算法"程序设计范式构成的程序设计语言,称为面向过程语言。前面介绍的程序设计语言大多为面向过程语言。

(2) 面向对象语言。

以"对象＋消息"程序设计范式构成的程序设计语言,称为面向对象语言。比较流行的面向对象语言有 Delphi、Visual Basic、Java、C++等。

1.1.2　C 语言的发展

C 语言的命名源自 Ken Thompson 发明的 B 语言,而 B 语言则源自 BCPL(Basic Combined Programming Language)。

1970 年,美国贝尔实验室的 Ken Thompson,以 BCPL 为基础,设计出很简单且很接近硬件的 B 语言(取 BCPL 的首字母),并且他用 B 语言写了第一个 UNIX 操作系统。

1972 年,美国贝尔实验室的 D. M. Ritchie 在 B 语言的基础上最终设计出了一种新的语言,他取了 BCPL 的第二个字母作为这种语言的名字,这就是 C 语言。

1973 年初,C 语言的主体完成。Thompson 和 Ritchie 用它完全重写了 UNIX。此时随着 UNIX 的发展,C 语言自身也在不断地完善。直到今天,各种版本的 UNIX 内核和周边工具仍然使用 C 语言作为最主要的开发语言。

在开发中,他们还考虑把 UNIX 移植到其他类型的计算机上使用。C 语言强大的移植性在此显现。机器语言和汇编语言都不具有移植性,为 x86 开发的程序不可能在 Alpha、SPARC 和 ARM 等机器上运行,而 C 语言程序则可以在任意机器上运行,只要那种计算机上有 C 语言编译器和库。

在 1982 年,美国国家标准协会成立 C 标准委员会,建立 C 语言的标准。委员会由硬件厂商、编译器及其他软件工具生产商、软件设计师、顾问、学术界人士、C 语言作者和应用程序员组成。1989 年,ANSI 发布了第一个完整的 C 语言标准——ANSI X3.159—1989,简称 C89,不过人们也习惯称其为 ANSIC。C89 在 1990 年被国际标准组织(International Organization for Standardization,ISO)采纳,所以也有 C90 的说法。1999 年,在做了一些必要的修正和完善后,ISO 发布了新的 C 语言标准,命名为 ISO/IEC 9899—1999,简称 C99。

2011 年 12 月 8 日,ISO 正式发布了新的 C 语言的新标准 C11,之前被称为 C1X,官方名称为 ISO/IEC 9899—2011。新的标准提高了对 C++的兼容性,并增加了一些新的特性。

1.1.3　C 语言的特点

C 语言从诞生之日起之所以一直被广泛使用,甚至成为许多程序设计语言的基础,主要是因为 C 语言具有以下一些基本特性。

(1) C 语言简洁紧凑、灵活方便。

它是把高级语言的基本结构和语句与低级语言的实用性结合起来的工作单元。C 语言一共只有 32 个关键字，9 种控制语句，程序书写形式自由。C 语言可以像汇编语言一样对位、字节和地址进行操作，而这三者是计算机最基本的工作单元。它既可用来编写系统软件，又可用来开发应用软件，已成为一种通用程序设计语言。

(2) C 语言是结构化语言。

结构化语言的显著特点是代码及数据的分隔化，即程序的各个部分除了必要的信息交流外彼此独立。这种结构化方式可使程序层次清晰，便于使用、维护以及调试。C 语言是以函数形式提供给用户的，这些函数可方便地调用，并具有多种循环、条件语句控制程序流向，从而使程序完全结构化。

(3) C 语言功能齐全，数据类型多，运算符丰富。

C 语言具有各种各样的数据类型，并引入了指针概念，可使程序效率更高。C 语言的运算符包含的范围很广泛，共有 34 种运算符。C 语言把括号、赋值、强制类型转换等都作为运算符处理。从而使 C 语言的运算类型极其丰富，表达式类型多样化。灵活使用各种运算符可以实现在其他高级语言中难以实现的运算。因而 C 语言的计算功能、逻辑判断功能也比较强大。

(4) C 语言适用范围大、可移植性好。

C 语言在不同机器上的 C 编译程序，80% 以上的代码是公共的，所以 C 语言的编译程序便于移植。在一个环境上用 C 语言编写的程序，不改动或稍加改动，就可移植到另一个完全不同的环境中运行。C 语言适合于多种操作系统，如 Windows、DOS、UNIX 等；也适用于多种机型。C 语言对编写需要进行硬件操作的场合，优于其他高级语言，有一些大型应用软件也是用 C 语言编写的。

(5) 生成目标代码质量高，程序执行效率高。

语言描述问题比汇编语言迅速，工作量小，可读性好，易于调试、修改和移植，而代码质量与汇编语言相当。C 语言一般只比汇编程序生成的目标代码效率低 10%～20%。C 语言文件由数据序列组成，可以构成二进制文件或文本文件。

C 语言也存在着一些不足之处，主要表现在以下两点：

① 指针影响程序安全性。

C 语言的缺点主要表现在数据的封装性上，C 语言应用指针使得 C 在数据的安全性上有很大缺陷，这也是 C 和 C++ 的一大区别。C++ 在保留了指针操作的同时又增强了安全性，得到了一些用户的支持，但是，由于这些改进增加语言的复杂度，也为另一部分用户所诟病。Java 则吸取了 C++ 的教训，取消了指针操作，也取消了 C++ 改进中一些备受争议的地方，在安全性和适合性方面均取得良好的效果，但其本身需要在虚拟机中运行，运行效率低于 C++/C。一般而言，C、C++、Java 被视为同一系的语言，它们长期占据着程序使用榜的前三名。

② 语法限制不够严格。

C 语言的语法限制不太严格，对变量的类型约束不严格，影响程序的安全性，对数组下标越界不作检查等。C 语言缺少支持代码重用的语言结构，从应用的角度，C 语言比其他高级语言更难掌握。

1.2 程序设计基础

程序设计(Programming)是指以某种程序设计语言为工具进行设计、编制、调试程序的方法和过程。它是目标明确的智力活动。由于程序是软件的本体，软件的质量主要通过程序的质量来体现，在软件研究中，程序设计的工作非常重要，内容涉及有关的基本概念、工具、方法以及方法学等。程序设计通常分为问题建模、算法设计、编写代码、编译调试和整理并写出文档资料 5 个阶段。专业的程序设计人员常被称为程序员或软件工程师。

1.2.1 程序设计的基本概念

某种意义上，程序设计的出现甚至早于电子计算机的出现。英国著名诗人拜伦的女儿爱达·勒芙蕾丝曾设计了巴贝奇分析机上计算伯努利数的一个程序。她甚至还创建了循环和子程序的概念。由于她在程序设计上的开创性工作，爱达·勒芙蕾丝被称为世界上第一位程序员。

任何设计活动都是在各种约束条件和相互矛盾的需求之间寻求一种平衡，程序设计也不例外。在计算机技术发展的早期，由于机器资源比较昂贵，程序的时间和空间代价往往是设计关心的主要因素；随着硬件技术的飞速发展和软件规模的日益庞大，程序的结构、可维护性、复用性、可扩展性等因素日益重要。

另一方面，在计算机技术发展的早期，软件构造活动主要就是程序设计活动。但随着软件技术的发展，软件系统越来越复杂，逐渐分化出许多专用的软件系统，如操作系统、数据库系统、应用服务器，而且这些专用的软件系统越来越成为普遍的计算环境的一部分。这种情况下软件构造活动的内容越来越丰富，不再只是纯粹的程序设计，还包括数据库设计、用户界面设计、接口设计、通信协议设计和复杂的系统配置过程。

著名的计算机科学家 Niklaus Wirth 给出了程序设计的公式：

$$程序设计 = 数据结构 + 算法$$

其中数据结构主要是数据的各种逻辑结构和存储结构，以及对数据的各种操作。算法是指对特定问题求解方案的准确而完整的描述，是一系列解决问题的清晰指令，算法代表着用系统的方法描述解决问题的策略机制。程序设计就像盖房子，数据结构就是建筑材料，而算法就是设计图纸。

程序设计的基本概念包括程序、数据、子程序、子例程、协同例程、模块以及顺序性、并发性、并行性和分布性等。程序是程序设计中最为基本的概念，子程序和协同例程都是为了便于进行程序设计而建立的程序设计基本单位，顺序性、并发性、并行性和分布性反映程序的内在特性。程序设计规范是进行程序设计的具体规定。程序设计是软件开发工作的重要部分，而软件开发是工程性的工作，所以要有规范。语言影响程序设计的功效以及软件的可靠性、易读性和易维护性。专用程序为软件人员提供合适的环境，便于进行程序设计工作。

1.2.2 程序设计方法

程序设计主要有结构化设计、面向对象程序设计和快速原型法（软件工程法）三种方法。

1. 结构化设计方法

结构化设计方法给出一组帮助设计人员在模块层次上区分设计质量的原理与技术。它通常与结构化分析方法衔接起来使用，以数据流图为基础得到软件的模块结构。在程序设计过程中，使用一些基本的结构来设计程序，无论多复杂的程序，都可以使用这些基本结构按一定的顺序组合起来。各程序部分应按功能组合，模块内部程序各部分要按照自顶向下的结构划分。这些基本结构的特点都只有一个入口、一个出口。由这些基本结构组成的程序非常方便维护。

结构化设计主要有顺序结构、选择结构、循环结构三种基本控制结构。

在顺序结构中按照程序语句的自然顺序，逐条地执行程序，如图 1-1 所示。

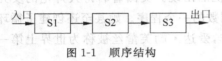

图 1-1 顺序结构

选择结构又称分支结构，在执行过程中根据设定的条件表达式的值，判断应该选择哪一条分支来执行相应的语句序列，如图 1-2 所示。

循环结构是根据给定的条件表达式的值，判断是否需要重复执行某一相同的或类似的程序段，如图 1-3 所示。

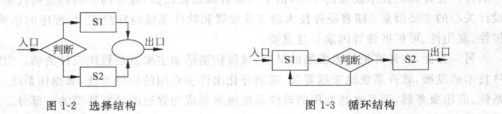

图 1-2 选择结构　　　　　　　　图 1-3 循环结构

在结构化程序设计过程中要遵循以下几项原则。

（1）自顶向下：先从最上层总目标开始设计，逐步使问题具体化。

（2）逐步求精：对复杂的问题，应设计子目标作为过渡，再逐步细化。

（3）模块化：把程序要解决的总目标分解为子目标，把每个子目标称为一个模块。

（4）限制使用 GOTO 语句：GOTO 语句会导致程序混乱，应尽量避免使用。

2. 面向对象程序设计方法

面向对象（Object Oriented）方法已经发展成为主流的软件开发方法，起源于对面向对象语言的研究。20 世纪 60 年代后期首次被提出，20 世纪 80 年代开始走向实用。

在人类习惯的思维方法中客观世界的任何一个事物都可以被看成一个对象，面向对象方法的本质就是主张从客观世界固有的事物出发来构造系统，系统中的对象及对象之间的关系能够如实地反映问题域中固有的事物及其关系。

结构化的分解突出过程，即如何做？它强调代码的功能是如何实现的；面向对象的分解突出现实世界和抽象的对象，即做什么？相对于结构化分析方法，面向对象程序设计主要考虑的是提高软件的可重用性,同时还具有稳定性好、易于开发大型软件产品、可维护性好等优点。

3. 软件工程法

软件工程是指采用工程的概念、原理、技术和方法指导软件的开发与维护。主要是指利用现有的工具和原型方法快速地开发所要的程序。在软件工程中,软件不仅仅是指程序,而是与计算机系统的操作有关的计算机程序、规程、规则,以及可能有的文件、文档及数据。程序指适合于计算机处理的指令序列以及所处理的数据;文档是与软件开发、维护和使用有关的图文材料,它也是软件的必要组成部分。对于软件人们总结了以下的公式:

$$软件＝程序＋文档$$

早期的软件主要指程序,采用个体工作方式,缺少相关文档,质量低,维护困难,这些问题称为"软件危机",软件工程概念的出现源自软件危机。为了应对"软件危机"人们应用计算机科学、数学及管理科学等原理,以工程化的原则和方法来解决软件问题的工程。其目的是提高软件生产率、提高软件质量、降低软件成本。

1.2.3 结构化分析方法

在C语言程序设计过程中常用到结构化分析方法。结构化分析方法是一种面向数据流,自顶向下,逐步分解、求精,进行需求分析的方法。结构化分析方法的常用工具主要包括:数据流图、数据字典、判定表和判定树。

1. 数据流图

数据流图(Data Flow Diagram,DFD)从数据传递和加工的角度,以图形的方式刻画数据流从输入到输出的流动变换过程,主要包括以下几种元素。

(1) 数据流:是一组数据。箭头所指方向是数据传送的通道,在其线旁标注数据流名。

(2) 加工:对数据流执行的某种操作或变换。在数据流图中加工用圆圈表示,在圆圈内输入加工名。

(3) 存储文件:按照某种规则组织起来的、长度不限的数据。在数据流图中文件用直线表示,在线段旁标注文件名。

(4) 数据流的源和潭(源点和终点或输入的源点和输出的汇点):系统之外的实体,是外界与系统之间的接口,在数据流图中用方框表示,在框内输入相应的名称。

需要注意的是数据流图和程序设计中的程序流程图(Flow Chat)是不同的,数据流图关心的是业务系统中的数据处理加工的客观过程,并不关心未来电子化处理的加工过程;数据流图中流动的只是数据,并没有控制过程,但在程序流程图当中,必须有控制逻辑。

2. 数据字典

数据字典(Data Dictionary,DD)是数据流图中所有图形元素的定义集合,是结构化分析方法的核心。数据字典是对所有与系统相关的数据元素的一个有组织的列表,以及精确的、严格的定义,使得用户和系统分析员对于输入、输出、存储成分和中间计算结果有共同的理解。

数据字典的内容包括:图形元素的名字、别名或编号、分类、描述、定义和位置等。数据字典中所有的定义都应是严密的、精确的,不可有二义性。下面给出就诊过程中的患者清单的数据字典。

【例 1-1】 患者清单的数据字典。

患者清单＝姓名＋性别＋年龄＋就诊号＋就诊日期
  姓名＝2{字母}24
  性别＝2{字母}24
  就诊号＝1{字母}32＋"00001"…"99999"
  就诊日期＝日期
  日期＝年＋月＋日
  年＝"00"…"99"
  月＝"01"…"12"
  日＝"01"…"31"

数据字典定义中"n{字母}m"表示括号中的项可以重复出现 $n\sim m$ 次;"＝"表示等价于(定义为);"…"连接符,表示分量的取值范围;"＋"表示连接两个分量。

3. 判定表和判定树

判定表和判定树又称决策树,是一种描述加工的图形工具,适合描述问题处理中具有多个决策的情况,而且每个决策与若干条件有关。使用判定树进行描述时,应该从问题的文字描述中分清哪些是判定条件,哪些是判定的决策,根据描述材料中的联结词找出判定条件的从属关系、并列关系、选择关系,根据它们构造判定树。

判定表将比较复杂的决策问题简洁、明确、一目了然地描述出来,它是描述条件比较多的决策问题的有效工具。判定表或判定树都是以图形形式描述数据流的加工逻辑,它结构简单,易懂易读。尤其遇到组合条件的判定,利用判定表或判定树可以使问题的描述清晰,而且便于直接映射到程序代码。在表达一个加工逻辑时,判定树、判定表都是好的描述工具,根据需要可以交叉使用。判定树举例如下:

【例 1-2】 招聘考试考核数学、英语、计算机三门课程,录取规则是:

(1) 总分 240 分以上(含)录取。

(2) 总分在 240 分以下(不含),180 分以上(含)的,如果数学和英语成绩均在 60 分以上(含),需要参加面试;如果数学或英语中有一门成绩在 60 分以下(不含)的,需复试该课程后再决定是否录取。

(3) 其他情况不录取。

判定树如图 1-4 所示。

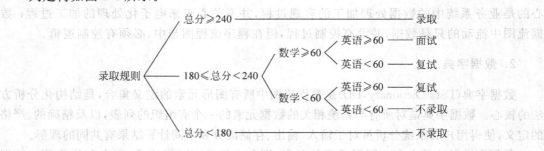

图 1-4 例 1-2 判定树示例

1.3 C语言程序的结构

"结构化程序设计"的思想规定了一套方法,使程序具有合理的结构,以保证和验证程序的正确性。这种方法要求程序设计者不能随心所欲地编写程序,而要按照一定的结构形式来设计和编写程序。C语言的程序设计一般均采用结构化的设计方法。

1.3.1 基本程序结构

为了了解C语言的基本程序结构,先介绍几个简单的C程序。

【例1-3】 简单C程序示例。

程序代码:

```c
#include <stdio.h>
void main()              /*主函数*/
{
    printf("Hello! This is the simplest C program!");
}
```

输出结果为在屏幕上显示如下的字符:

Hello! This is the simplest C program!

例1-4是一个带有子函数的C程序。

【例1-4】 带有子函数的C程序示例。

程序代码:

```c
/*输入长方体的参数并计算体积*/
#include <stdio.h>
int volume(int a, int b, int c)
{   int p;
    p = a * b * c;
    return(p);
}
void main()
{
    int x,y,z,v;
    scanf("%d,%d,%d",&x,&y,&z);            /*从键盘获取参数*/
    v = volume(x,y,z);
    printf("v = %d\n",v);
}
```

本程序的功能是对从键盘输入的长方体的长、宽、高三个整型量求其体积的值。程序运行的情况如下:

1,2,3
v = 6

在本例中，main 函数在调用 volume 函数时，将实际参数 x、y、z 的值分别传送给 volume 函数中的形式参数 a、b、c。经过执行 volume 函数得到一个结果（即 volume 函数中变量 p 的值）并把这个值赋给变量 v。

从上面程序例子，可以看出 C 程序的基本结构。

(1) C 程序为函数模块结构，所有的 C 程序都是由一个或多个函数构成的，其中必须只能有一个主函数 main( )。程序从主函数开始执行，当执行到调用函数的语句时，程序将控制转移到调用函数中执行，执行结束后，再返回主函数中继续运行，直至程序执行结束。C 程序的函数是由编译系统提供的标准函数（如 printf、scanf 等）和由用户自己定义的函数（如 volume 等）组成。虽然从技术上讲，主函数不是 C 语言的一个成分，但它仍被看作其中的一部分，因此，main 不能用作变量名。

(2) 函数的基本形式是：

```
函数类型  函数名(形式参数)
{
    数据说明部分；
    语句部分；
}
```

说明：函数头包括函数说明、函数名和圆括号中的形式参数，如果函数调用无参数传递，圆括号中形式参数为空（如 void proc()函数）。形式参数说明指定函数调用传递参数的数据类型（如例 1-4 中的语句 int a）。函数体包括函数体内使用的数据说明和执行函数功能的语句，花括号{ }表示函数体的开始和结束。

1.3.2 函数库和连接

从技术上讲，只由程序员自己编写的语句构成 C 语言程序是可能的，但这样效率很低。因为所有的 C 编译程序都提供能完成各种常用任务的函数——函数库（如 printf、scanf 等）。C 编译程序的实现者已经编写了大部分常见的通用函数。当调用一个别人编写的函数时编译程序"记忆"它的名字。随后，"连接程序"把编写的程序同标准函数库中找到的目标码结合起来，这个过程称为"连接"。

保存在函数库中的函数是可重定位的。这意味着其中机器码指令的内存地址并未绝对地确定，只有偏移量是确定的。当把程序与标准函数库中的函数相连时，内存偏移量被用来产生实际地址。有关重定位的详细内容，请查阅其他技术书籍。

编写程序时用到的函数，许多都可以在标准函数库中找到。它们是可以简单地组合起来的程序构件。编写了一个经常要用的函数之后，可将其放入库中备用。

1.3.3 C 语言词汇

在 C 语言中使用的词汇分为标识符、关键字、运算符、分隔符、常量和注释符 6 类。

1. 标识符

在程序中使用的变量名、函数名、标号等统称为标识符。除库函数的函数名由系统定义外，其余都由用户自定义。C 语言规定，标识符只能是字母 A～Z，a～z、数字 0～9、下划线（_）

组成的字符串,并且其第一个字符必须是字母或下划线。

以下标识符是合法的:

a,x,x3,BOOK_1,sum5

以下标识符是非法的:

3s	以数字开头
s * T	出现非法字符 *
－3x	以减号开头
bowy－1	出现非法字符－(减号)

在使用标识符时还必须注意以下几点:

(1) 标准C不限制标识符的长度,但它受各种版本的C语言编译系统限制,同时也受到具体机器的限制。例如在某版本C中规定标识符前8位有效,当两个标识符前8位相同时,则被认为是同一个标识符。

(2) 在标识符中,大小写是有区别的。例如BOOK和book是两个不同的标识符。

(3) 标识符虽然可由程序员随意定义,但标识符是用于标识某个量的符号。因此,命名应尽量有相应的意义,以便于阅读理解,尽量做到"见名知意"。

2. 关键字

由C语言规定的具有特定意义的字符串,通常也称为保留字。用户定义的标识符不应与关键字相同。C语言的关键字分为以下几类:

(1) 类型说明符:用于定义、说明变量、函数或其他数据结构的类型。如前面例题中用到的int,double等。

(2) 语句定义符:用于表示一个语句的功能。如在选择结构中用到的if else就是条件语句的语句定义符。

(3) 预处理命令字符:用于表示一个预处理命令。如前面各例中用到的include。

3. 运算符

运算符与变量、函数一起组成表达式,表示各种运算功能。运算符由一个或多个字符组成。

4. 分隔符

分隔符有逗号和空格两种。逗号主要用在类型说明和函数参数表中,分隔各个变量。空格多用于语句各单词之间,作间隔符。在关键字,标识符之间必须要有一个以上的空格符作间隔,否则将会出现语法错误,例如把int a;写成inta;编译器会把inta当成一个标识符处理,其结果必然出错。

5. 常量

常量分为数字常量、字符常量、字符串常量、符号常量、转义字符等多种。在后面章节中将专门给予介绍。

6. 注释符

以"/*"开头并以"*/"结尾的串。在"/*"和"*/"之间的即为注释。程序编译时,不对注释作任何处理。注释可出现在程序中的任何位置。注释用来向用户提示或解释程序的意义。在调试程序中对暂不使用的语句也可用注释符括起来,使翻译跳过不作处理,待调试结束后再去掉注释符。

1.4 C 语言程序的开发与环境

C 语言程序可以在 Turbo C2.0、Turbo C3.0 或 Visual C++ 6.0 平台上运行,本书以 Visual C++ 6.0 为开发环境,介绍 C 程序设计。

1.4.1 C 语言程序的开发

用 C 语句编写的程序称为源程序,是不能直接运行的。一般 C 程序开发要经历 4 个基本步骤:编辑、编译、连接和运行,其操作过程如图 1-5 所示。

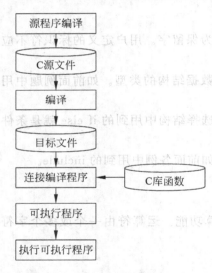

图 1-5　C 语言程序的操作过程

开发一个 C 程序,一般包括以下 4 步:

(1) 编辑。程序员用任一编辑软件(编辑器)将编写好的 C 程序输入计算机,并以文本文件的形式保存在计算机的磁盘上。编辑的结果是建立 C 源程序文件。C 程序习惯上使用小写英文字母,常量和其他用途的符号可用大写字母。C 语言对大小写字母是有区别的。关键字必须小写。

(2) 编译。编译是指将编辑好的源文件翻译成二进制目标代码的过程。编译过程是使用 C 语言提供的编译程序(编译器)完成的。不同操作系统下的各种编译器的使用命令不完全相同,使用时应注意计算机环境。编译时,编译器首先要对源程序中的每一个语句检查语法错误,当发现错误时,就在屏幕上显示错误的位置和错误类型的信息。此时,要再次调用编辑器进行查错修改。然后,再进行编译,直至排除所有语法和语义错误。正确的源程序文件经过编译后在磁盘上生成目标文件。

(3) 连接。编译后产生的目标文件是可重定位的程序模块,不能直接运行。连接就是把目标文件和其他分别进行编译生成的目标程序模块(如果有的话)及系统提供的标准库函数连接在一起,生成可以运行的可执行文件的过程。连接过程使用 C 语言提供的连接程序(连接器)完成,生成的可执行文件存在磁盘中。

(4) 运行。生成可执行文件后,就可以在操作系统控制下运行。若执行程序后达到预期目的,则 C 程序的开发工作到此完成。否则,要进一步检查修改源程序,重复编辑—编译—连接—运行的过程,直到取得预期结果为止。

大部分 C 语言都提供一个独立的开发集成环境,它可将上述 4 步集成在一个程序之中。

1.4.2 C语言程序的开发环境

下面简单介绍在 Visual C++ 6.0(以后简称 VC++)集成环境中,如何建立 C 程序,以及如何编辑、编译、连接和运行 C 程序。

1. 启动 Visual C++

选择【开始】→【程序】→Microsoft Visual C++ 6.0,启动 Visual C++ 6.0 编译系统。Visual C++ 6.0 的主窗口如图 1-6 所示。

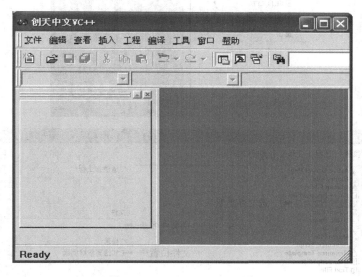

图 1-6　Visual C++ 6.0 环境

2. 新建文件

选择【文件】→【新建】项,在出现的对话框中选择【文件】→C++ Source File,如图 1-7 所示,在【文件】下面的文本框中输入文件名,注意必须写扩展名 c,默认是 C++程序,单击【确定】按钮。

3. 编辑 C 语言程序

在编辑窗口中输入 C 语言源程序,即可对源程序进行编辑和修改,如图 1-8 所示。

4. 编译

选择【编译】菜单中的【编译】项或单击工具栏上的按钮 进行编译。如果程序未存盘,系统在编译前自动打开保存对话框,提示用户保存程序。在编译过程中如果出现错误,将在下方窗口中列出所有错误和警告。双击显示错误或警告的第一行,则光标定位在有错误的

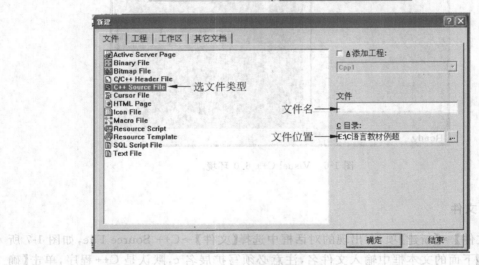

图 1-7 【新建】对话框中的【文件】选项卡

代码行,修改错误后重新编译,反复修改至无错误为止。没有任何错误时,显示错误和警告数都为 0,如图 1-9 所示。

5. 连接

编译没有错误之后需要构建.exe 文件,选择【编译】→【构建】项或单击连接按钮 ,与编译时一样,如果系统在连接过程中发现错误,将列出所有错误与警告。修改错误重新编译和连接,直到编译和连接都没有错误为止。

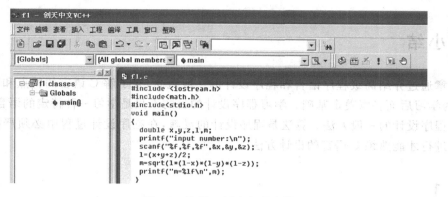

图 1-8　编辑 C 语言程序文件

图 1-9　编译窗口

6. 运行

选择【编译】→【执行】项或单击运行按钮 ![]，在出现的黑屏中显示运行结果，如图 1-10 所示。需返回编辑窗口时按任意键即可。

如果退出 VC++ 环境后需要重新打开以前建立的文件，则运行 VC++ 环境后通过【文件】菜单中的【打开】选项打开相应的文件。

图 1-10　运行窗口

本章小结

本章通过介绍高级程序语言和程序设计的一般概念，来了解C语言的特点和程序设计方法，为学习后面各章奠定基础。学习程序设计的目的不只是学习一种特定的语言，而是学习进行程序设计的一般方法。算法是程序设计的灵魂，在程序设计过程中必须严格按照相应规程进行才能熟练C语言的设计方法。

习题1

1-1 比较几种高级程序设计语言的区别。
1-2 简述程序设计语言的发展过程。
1-3 C语言的主要特点有哪些？
1-4 画图说明结构化程序设计方法中的三种结构。
1-5 简述面向对象的概念。
1-6 简述数据流图与程序流程图的区别。
1-7 写出一个C语言程序的构成。
1-8 编写一个简单C语言程序，输出以下信息：

```
********************************
         This is my first C program!
********************************
```

1-9 编写程序完成输入两个数，输出其中大的数。
1-10 熟练掌握VC++编程环境。

第 2 章 数据描述与基本操作

计算机在解决各种实际问题时是通过对反映这一问题的数据进行处理来实现的,数据处理是程序的基本功能。它包括了数据、处理两个要素,其中数据是程序的处理对象。在 C 语言中提供了丰富的数据类型,方便了对实际问题处理中各种数据形式的描述。本章主要介绍 C 语言的基本数据类型、常量与变量、运算符与表达式、位运算、输入输出函数以及不同数据类型之间的转换。

本章要点
➢ 掌握 C 语言的基本数据类型。
➢ 掌握常量和变量的概念、定义方法。
➢ 掌握常用运算符及其表达式。
➢ 掌握 C 中输入输出函数的用法。
➢ 掌握各种数据类型之间转换。

2.1 数据类型概述

为了描述现实世界中不同特征的事物,通常将其特征进行归类,并且要求每种特性只能归属于一类。在计算机中这些特征都是采用数据的形式进行表示与存储的,为满足程序处理的要求,C 语言设计了如图 2-1 所示的几种数据类型。

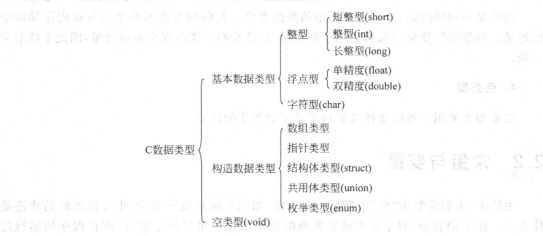

图 2-1　C 语言的数据类型

说明:图 2-1 中所指的数据类型是按被说明量的性质、表示形式、占据存储空间的多少、构造特点来划分的。在 C 语言中,数据类型可分为基本数据类型、构造数据类型、指针类型、空类型三类。

1. 基本数据类型

基本数据类型是由系统事先定义好的不可再分割的类型,可以直接利用这些类型名定义数据,最常用的数据类型如表 2-1 所示。

表 2-1 基本数据类型表

数 据 类 型	所占位数	表示范围(存储值的范围)	字节数	有效位数
有符号整型	32	$-2^{31} \sim 2^{31}-1(-2\,147\,483\,648 \sim 2\,147\,483\,648)$	4	
有符号短整型	16	$-2^{16} \sim 2^{16}-1(-32\,768 \sim 32\,767)$	2	
有符号长整型	32	$-2^{31} \sim 2^{31}-1(-2\,147\,483\,648 \sim 2\,147\,483\,648)$	4	
无符号整型	16	$0 \sim 2^{32}-1(0 \sim 4\,294\,967\,295)$	4	
无符号短整型	16	$0 \sim 2^{16}-1(0 \sim 65\,535)$	2	
无符号长整型	32	$0 \sim 2^{32}-1(0 \sim 4\,294\,967\,295)$	4	
单精度实型	32	$-3.4\mathrm{e}{-38} \sim 3.4\mathrm{e}38$	4	7
双精度实型	64	$-1.7\mathrm{e}{-308} \sim 1.7\mathrm{e}308$	8	15
有符号字符型	8	$-128 \sim 127$	1	
无符号字符型	8	$0 \sim 255$	1	

说明:整型所占字节数随机器硬件不同而不同。

2. 构造数据类型

构造数据类型是由基本类型组成的更为复杂的类型,它是指一个数据类型值域之内的一个值是由若干其他类型的值构成的。也就是说,一个构造类型的值可以分解成若干个"成员"或"元素"。每个"成员"都是一个基本数据类型或一个构造类型。

3. 指针类型

指针是一种特殊的、具有重要作用的数据类型。其值用来表示某个变量在内存储器中的地址。虽然指针变量的取值类似于整型量,但这是两个类型完全不同的量,因此不能混为一谈。

4. 空类型

空类型主要用于特殊指针变量和无返回值类型的说明。

2.2 常量与变量

生活中,人们常常用"量"来衡量一些事物,如汽车的速度是多少,小球抛出后的轨迹是什么等。在 C 语言中,对于基本数据类型的取值变化也可以按量来分,即在程序的运行过程中值不发生变化的量称为常量,在程序的运行过程中,其值发生变化的量称为变量。其中,常量可以不经说明而直接引用,而变量则必须先说明后使用。

2.2.1 常量

常量又称常数,是指在程序运行过程中可直接使用,但其值不可以改变的量。常量包括普通常量(整型常量、实型常量、字符型常量、字符串常量)和符号常量。其中,普通常量用其数值直接表示,符号常量是用标识符代表一个常量的方式表示的。

1. 整型常量

(1) 十进制常量:以非零数字开始的整数。例如:123、−456、0。

(2) 八进制常量:以数字 0 开始的整数。例如:0123、−0456、062。

(3) 十六进制常量:以 0x(或 0X)开始的整数。例如:0x123、−0x456、0x1f。

说明:有些场合需要明确地指出它是否属于 long int 或 unsigned int 类型,此时,可以在整型常量后加上一个字母 L(l) 或 U(u),例如−3456L(长整型数)、05U(无符号八进制整型数)、0x34u(无符号十六进制整型数)等。

2. 实型常量

实型常量,又称实数或浮点数,它是由整数部分和小数部分组成的,表示形式为十进制数。在 C 语言中,实数有两种表示方法:小数形式和指数形式。

(1) 十进制数形式:由 0~9 和小数点组成(小数点必须有,不可省略)。例如:0.5、−5.34、0.0。

(2) 指数形式:即采用科学计数法表示形式,格式为

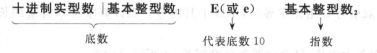

例如:1.23e-2(1.23×10^{-2})、−32e4(-32×10^{4})。

说明:字母 e 或 E 之前必须有数字,之后的指数部分必须为整数。

3. 字符型常量

字符型常量是指用一对单引号括起来的单个字符。例如:'a'、'A'、'3'、'*'、'?'、'$'。

说明:

① 在字符型常量中,单引号只能用英文状态下的单引号,不能用汉字状态下的单引号或双引号,其作用为定界符,不属于其内容。

② 字符型常量可以是 ASCII 字符集中任意的字符(包括空格字符),其值即为该字符的 ASCII 码值。

另外,除了英文字母等字符数据可以用单引号括起来的方法表示外,还有一些字符(如回车、退格等)不能直接用在单引号中。为了表示这些数据,C 语言提供了一种特殊形式的字符型常量——转义字符,其表示格式为:

\字符助记符   或   \字符的 ASCII 码值

常用的转义字符及含义如表 2-2 所示。

表 2-2 常用的转义字符序列

转义字符	转义字符的意义	ASCII 码值
\n	回车换行	10
\t	横向跳到下一制表位置	9
\v	竖向跳格	11
\b	退格	8
\r	回车	13
\f	走纸换页	12
\\	反斜线符"\"	92
\'	单引号符	44
\"	双引号符	34
\a	报警	7
\0	空操作字符	0
\ddd	1~3 位八进制数所代表的字符	
\xhh	1~2 位十六进制数所代表的字符	

说明：可以用转义字符方式表示所有的 ASCII 码字符，如\ddd 形式的\101 表示'A'，\xhh 形式的\x41 为'A'。

4. 字符串型常量

字符串型常量是指用一对双引号括起来的若干个字符。例如："A"、"student"、"How are you ?"、"abc567"、" "(空串)。

说明：

① 字符串型常量中，双引号只用作定界符，不属于其内容。当计算字符串常量的长度时，双引号不计算在内。

② 字符串常量中可以包含空格、转义字符等任意字符，也可以是中文。

③ C 语言中，字符常量与字符串常量不同。字符串常量的长度不受限制，编译程序在处理字符串常量时自动在其末尾加一个'\0'(null)作为"字符串结束标志"。因此，字符串的最小存储长度总比字符串中的实际字符个数多 1；字符常量的长度等于字符中的实际字符个数。

例如：字符常量'a'和字符串常量"a"在内存中的存储长度如图 2-2 所示。

(a) 'a'的存储长度　　(b) "a"的存储长度

图 2-2 字符常量'a'和字符串常量"a"的存储长度图

5. 符号常量

当程序中直接使用数值时通常有可读性差和可维护性差的问题，为了解决这个问题，C 语言中设计了一个将具体的数值符号化的量——符号常量。符号常量的定义格式为：

#define 符号常量名 数值

例如：

#define PI 3.14

【例 2-1】 符号常量的使用。

程序代码：

```
#include <stdio.h>
#define PI 3.14                          /*定义符号常量 PI*/
void main()
{   float r,s,m;
    printf("请输入半径：");
    scanf("%f",&r);
    s = 2 * PI * r;                      /*此处的符号常量 PI 用 3.14 代替*/
    m = PI * r * r;                      /*此处的符号常量 PI 用 3.14 代替*/
    printf("圆的周长 = %f,圆的面积 = %f\n",s,m);
}
```

运行结果：

请输入半径：5✓
圆的周长 = 31.400000,圆的面积 = 78.500000

运行说明：符号常量习惯用大写英文字母表示，必须"先定义后使用"。一旦定义完，就只能使用，而不能改变其值。要想修改其值，只能在定义符号常量处更改其值。例如：上述例题中，要想将 PI 改为 3.1415921，只需将定义处修改为 #define PI 3.1415926。

2.2.2 变量

1. 变量的定义

变量是指在程序运行过程中其值可以改变的量。一个变量应该有一个标识符，作为其名字来被引用，这个标识符称为变量名；变量中所存放的具体数据，称为变量值，变量值在程序运行期间可以改变；在内存中存放变量值的起始单元称为变量的存储单元，变量名实际就是一个存储单元。变量的定义格式为：

数据类型标识符　变量名 1,变量名 2,…,变量名 n

说明：
① 变量是用于存储数据的，因此每个变量必须属于一个数据类型。
② 变量名命名时，区分大小写字母，习惯用小写字母表示。
③ 变量在使用前必须先定义。

例如：

int n = 10;

n 的变量名、变量值和变量存储单元间的关系如图 2-3 所示。

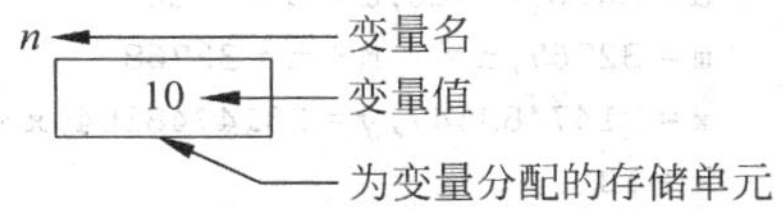

2．变量的分类

变量按照其对应的基本数据类型可分为整型变量、

图 2-3　变量 n 的变量名、变量值和变量存储单元间的关系

实型变量、字符型变量。

1) 整型变量

整型变量的基本类型符为 int,可以根据符号性质分为有符号整型(signed)和无符号整型(unsigned),也可以根据需要加上修饰符:short 或 long。因此可将其分为基本型、短整型、长整型和无符号型,如表 2-3 所示。

表 2-3 整型变量表

类 型	关 键 字	所占位数		表示范围		字 节 数	
		Turbo C	VC++	Turbo C	VC++	Turbo C	VC++
整型	[signed] int	16	32	$-2^{16} \sim 2^{16}-1$	$-2^{31} \sim 2^{31}-1$	2	4
短整型	[signed] short [int]	16		$-2^{16} \sim 2^{16}-1$		2	
长整型	[signed] long [int]	32		$-2^{31} \sim 2^{31}-1$		4	
无符号整型	unsigned int	Turbo C	VC++	Turbo C	VC++	Turbo C	VC++
		16	32	$0 \sim 2^{16}-1$	$0 \sim 2^{32}-1$	2	4
无符号短整型	unsigned short [int]	16		$0 \sim 2^{16}-1$		2	
无符号长整型	unsigned long [int]	32		$0 \sim 2^{32}-1$		4	

说明:上述表中,"[ ]"里的内容代表可选。在编译系统中,系统会区分有符号数和无符号数,区分的根据是如何解释字节中的最高位,如果最高位被解释为数据位,则整型数据表示为无符号数。各种无符号类型所占的内存空间字节数与相应的有符号变量相同。但由于省去了符号位,所以不能表示负数。有符号整型变量的取值范围为 -32 768~32 767,而无符号整型变量的取值范围为:0~65 535。

【例 2-2】 整型变量举例。

程序代码:

```
#include <stdio.h>
void main( )
{ int a = 20, b = - 40;                          /*定义整型数 a、b*/
  short m = 32767, n = 1;                        /*定义浮点型数 m,n*/
  long int x = 2147483647, y = 2014748364;       /*定义长整型数 x,y*/
  unsigned k = 10;                               /*定义无符号整型数 k*/
  printf ("a = %d,b = %d,a + b = %d \n",a,b,a + b);
  printf ("m = %d,n = %d,m + n = %d \n",m,n,m + n);
  printf ("x = %d,y = %d,x + y = %d \n",x,y,x + y);
  printf ("k = %d\n",k);
}
```

运行结果:

a = 20,b = - 40,a + b = - 20
m = 32767,n = 1,m + n = 32768
x = 2147483647,y = 2014748364,x + y = - 132735285
k = 10

说明:上述例题中,x 和 y 都为长整型变量,当 $x+y$ 后其结果超出了长整型规定的最大范围,因此 $x+y$ 的结果溢出。

2）实型变量

实型数据按指数形式存储,可分为单精度型(float)和双精度型(double)。

【例 2-3】 实型变量举例。

程序代码：

```
#include <stdio.h>
void main( )
{   float a = 123.45678;              /*定义 a 为单精度实型变量 */
    double b = 12345.6789;            /*定义 b 为双精度实型变量 */
    printf ("a = %f,b = %f\n",a,b);
}
```

运行结果：

a = 123.456779,b = 12345.678900

说明：上述例题中,a 的值超出了单精度的有效位 7 位,因此尾部有出错。

3）字符型变量

字符型变量用来存放字符常量,字符变量用关键字 char 说明,每个字符变量中只能存放一个字符。字符型变量的格式为：

char 变量名 1,变量名 2,…,变量名 n;

【例 2-4】 字符型变量举例。

程序代码：

```
#include <stdio.h>
void main( )
{
    char c1, c2,c3 = 'de',c4 = 'f' - 32;   /*定义两个字符型变量 c1, c2*/
    c1 = 'a', c2 = 'b';                    /*给 c1,c2 赋值*/
    printf("c1 = %c,c2 = %c\n",c1, c2);    /*输出字符格式的 c1 和 c2*/
    printf("c1 = %d,c2 = %d\n",c1, c2);    /*输出整数格式的 c1 和 c2*/
    printf("c3 = %c,c4 = %c\n ",c3,c4);
}
```

运行结果：

c1 = a,c2 = b
c1 = 97,c2 = 98
c3 = e,c4 = F

运行说明：

① 一个字符型变量在内存中只占一个字节,如上例中的 c3。

② 将一个字符赋给一个字符变量时,并不是将该字符本身存储到内存单元中,而是将该字符的 ASCII 码存储到内存单元中。

③ 对于任意一个字符,选择"%c"或"%d"的输出结果不同。

3. 变量的初始化

变量的初始化，就是在声明的同时给其赋予初值。其赋值的方式可以是"先定义后赋值"，也可以是"定义与赋值同时进行"，还可以是"对几个变量同时赋予一个值"。

【例 2-5】 变量的初始化举例。

程序代码：

```c
#include <stdio.h>
void main()
{
    char c1 = '*',c2 = 'a';           /* 分别给 c1、c2 赋初值'*'、'a' */
    double s = 65536;                  /* 其等价于 double s;s = 65536; */
    int i = 9,j = 9;                   /* 给整型数 i 和 j 赋同一值,其等价于 */
                                       /* int i,j;i = j = 9;不等价于 int i = j = 9; */
    float d,e = 9.5;                   /* 其等价于 float d,e;e = 9.5; */
    int a,b;
    a = 10,b = 200;                    /* 先定义两个整型变量 a、b,再对 a 和 b 赋值 */
    printf("a = %d,b = %d\n",a,b);
    printf("c1 = %c,c2 = %c\n",c1,c2);
    printf("s = %d\n",s);
    printf("i = %d,j = %d\n",i,j);
    printf("d = %f,e = %f\n",d,e);
}
```

运行结果：

```
a = 10,b = 200
c1 = *,c2 = a
s = 0
i = 9,j = 9
d = -107374176.000000,e = 9.500000
```

运行说明：

① 对于变量的初始化可以先定义后赋初值；也可以定义同时就赋初值（如上述例题中 a、b 和 $c1$、$c2$ 的初始化）。

② 变量的初始化不是在编译阶段完成的，而是在程序运行时执行赋初值的。相当于一个赋值语句。

2.3 运算符与表达式

运算符是一个符号，其作用是告知编译程序将进行相应的运算。表达式是数据间运算关系的表达形式，其基本要素是运算对象（常量、变量、函数等）和运算符（算术、关系、逻辑、赋值等）。C语言中有丰富的运算符，通过运算符和运算对象的有效组合，并按照书写时符合数学习惯，从而形成了各种各样的表达式和运算后对应的表达式的值。C语言中一共提供了 34 个运算符，具体运算符见附录 C。

当运算符应用到表达式中时,除了需要考虑使用哪种运算符外,还要考虑运算符的优先级和结合性。在 C 语言中,运算符的运算优先级共分为 15 级,1 级最高,15 级最低;运算符的结合性分为两种,即左结合性(从左向右)和右结合性(从右向左)。在表达式中,按优先级从高到低进行运算;当两个优先级相同时,根据运算符的结合性规定来运算。

2.3.1 算术运算符与算术表达式

1. 算术运算符

算术运算符的使用和数学中运算符的使用基本一致。在 C 语言中提供了 9 种算术运算符,如表 2-4 所示。

表 2-4 算术运算符

类型	含义	优先级	结合性	示例
+	正号	2	从右向左	+4 或 4
-	负号			-9
+	加	4	从左向右	2+5
-	减			3-0
*	乘	3		45*9
/	除			6/2
%	取余或取模			77%3
++	自增	2	从右向左	i++ 或 ++i
--	自减			i-- 或 --i

说明:
① 优先级数字越小,优先级越高。
② 负号运算符只需要一个数据对象参加运算,称为一目(元)运算符;加、减、乘、除、模运算符,需要两个数据对象参加运算,称为二目(元)运算符。
③ "/"两边运算对象的类型必须一致,结果类型与运算对象类型一致;"%"运算符左右两边必须为整数,余数的符号同被除数的符号相同。
④ "++"和"--"运算,其操作数必须为简单变量,使操作数的自身增 1 或减 1 运算。可以置于操作数前面,也可以放在后面。
例如:

++n   表示先取 n 的值,再计算 n+1 的值赋值给 n
n++   表示先计算 n+1 的值赋值给 n,再取 n 的值
--n   表示先取 n 的值,再计算 n-1 的值赋值给 n
n--   表示先计算 n+1 的值赋值给 n,再取 n 的值

2. 算术表达式

算术表达式是由算术运算符和操作数连接起来符合 C 语法规则的式子,其中操作数可以是常量、变量、函数、数组元素等内容。

【例2-6】 算术表达式举例。

程序代码：

```c
#include <stdio.h>
#include <math.h>            //使用标准数学库函数需要包括math.h头文件
void main()
{   int a=57,b=64,c=-8,p,q;
    printf("a=%d,b=%d,a+b=%d\n",a,b,a+b);
    printf("a=%d,b=%d,a-b=%d\n",a,b,a-b);
    printf("b=%d,c=%d,b*c=%d\n",b,c,b*c);
    printf("b=%d,c=%d,b/c=%d\n",b,c,b/c);
    printf("a=%d,b=%d,b%%a=%d\n",a,b,b%a);
    p=a++;q=++b;
    printf("a=%d,b=%d,p=%d,q=%d\n",a,b,p,q);
    printf("%d的绝对值为：%d\n",c,abs(c));
}
```

运行结果：

```
a=57,b=64,a+b=121
a=57,b=64,a-b=-7
b=64,c=-8,b*c=-512
b=64,c=-8,b/c=-8
a=57,b=64,b%a=7
a=58,b=65,p=57,q=65
-8的绝对值为：8
```

程序说明：

① 使用C语言中提供的标准库函数时，需要加载相应的头文件，如上例程序段中使用取整数绝对值函数abs( )需要加载标准数学库函数math.h。

② 上述例题中，a、b分别执行的是后置++操作和前置++操作，其结果a、b、p、q是不同的。p执行后置++操作时，先执行$p=a$，其结果$p=57$；再执行$a=a+1$，其结果$a=58$。q执行前置++时，先执行$b=b+1$，其结果$b=65$；再执行$q=b$，其结果$q=65$。

2.3.2 赋值运算符与赋值表达式

1. 赋值运算符

在C语言中提供了常用的11种赋值运算符，如表2-5所示。

表2-5 赋值运算符

类型	含义	优先级	结合性	示例
=	赋值	14	从右向左	n=m
+=	累加			i+=1
-=	累减			j-=1
*=	累乘			k*=8
/=	累除			i/=i+9
%=	累模			a%=b

说明：
① "="运算符是基本的赋值，而后面的则是复合赋值运算符。
② 任意一种赋值运算符的左侧必须为变量，不能是表达式和常量。
③ 赋值表达式的计算是先对赋值号右边的表达式进行运算，再将结果赋给左值变量。

2. 赋值表达式

赋值表达式是由赋值运算符将一个变量和一个表达式连接起来的符合 C 语法规则的式子。

【**例 2-7**】 赋值表达式举例。

程序代码：

```
#include <stdio.h>
void main()
{   int a=57,b=64,c=-8,d;
    printf ("a=%d,b=%d,c=%d,d=%d\n",a,b,c,d);
    d=(a=5)+(b=8);
    printf ("a=%d,b=%d,c=%d,d=%d\n",a,b,c,d);
    b+=5,c-=3*a;
    printf ("b=%d,c=%d\n",b,c);
    a/=2,b%=4;
    printf ("a=%d,b=%dd\n",a,b);
}
```

程序结果：

a=57,b=64,c=-8,d=-858993460
a=5,b=8,c=-8,d=13
b=13,c=-23
a=2,b=1d

程序说明：
① 上述例题中，由于代码段第一行中的 d 没有赋初值，因此，d 中为不定值。
② 复合赋值运算可以转换为一般的赋值语句，例如 $b+=5$ 等价于 $b=b+5$，$c-=3*a$ 等价于 $c=c-(3*a)$。

2.3.3 关系运算符与关系表达式

1. 关系运算符

代数中的不等式符号"<"，"≤"，"≥"，"≠"等用来比较大小，而在 C 语言程序中，用关系运算符来比较大小。C 语言提供了 6 种关系运算符，见表 2-6。

说明：
① 关系运算符的优先级低于算术运算符，高于赋值运算符。
② C 语言程序中的关系运算符既可以比较两个数值型数据的大小，也可以比较两个字符型数据的大小（字符型数据比较时，比较的是其 ASCII 码值）。

表 2-6　关系运算符

类型	含义	优先级	结合性	示例
<	小于	10	从左向右	3<4
<=	小于等于			K<=5
>	大于			b>c
>=	大于等于			i>=0
==	等于	9		C1==b
!=	不等于			j!=0

③ 关系运算符运算规则：条件满足则为真，结果为 1；否则为假，结果为 0。

2. 关系表达式

关系表达式是用关系运算符将两个表达式连接起来的式子。
关系表达式的求值过程如下：
(1) 计算运算符两边的表达式的值。
(2) 比较这两个值的大小：如果是数值型数据，就直接比较值的大小；如果是字符型数据，则比较字符的 ASCII 码值的大小。
(3) 比较的结果是一个逻辑值"真"或"假"。

【例 2-8】 关系表达式举例。
程序代码：

```
# include <stdio.h>
void main( )
{    char c = 'k';
     int num1 = 5, num2 = 4, num3 = 3;
     printf("'a' + 5 < %c 结果: %d\n", c, 'a' + 5 < c);
     printf("%d > %d 结果: %d\n", num2, num3, num2 > num3);
     printf("%d < %d < %d 结果: %d\n", num1, num2, num3,
num1 < num2 < num3);
     printf("(%d < %d) + %d 结果: %d\n", num1, num2, num3,
(num1 < num2) + num3);
     printf("(%d > %d) != %d 结果: %d\n", num1, num2, num3,
(num1 > num2) != num3);
     printf("(%d > %d) >= %d 结果: %d\n", num1, num2, num3,
(num1 > num2) >= num3);
     printf("(%d > %d - 1) <= %d 结果: %d\n", num1, num2, num3,
(num1 > num2 - 1) <= num3);
     printf("%d == %d == %d + 5, %d\n", num1, num2, num3 + 5,
num1 == num2 == num3 + 5);
}
```

运行结果：

'a' + 5 < 'k' 结果：1
4 > 3 结果：1

5＜4＜3 结果：1
(5＜4)＋3 结果：3
(5＞4)!＝3 结果：1
(5＞4)＞＝3 结果：0
(5＞4－1)＜＝3 结果：1
5＝＝4＝＝8＋5,0

说明：

① C语言用整数"1"表示"逻辑真"，用整数"0"表示"逻辑假"。

② 关系表达式的值，还可以参与其他种类的运算（算术运算、逻辑运算等），例如，(5＜4)＋3 结果：3。

③ 字符变量是以它对应的 ASCII 码参与运算的。

④ 对于表达式 num1＜num2＜num3（例如，5＜4＜3），在 C 语言中，先计算 5＜4 的结果为 0（逻辑假），接着再来计算 0＜3 的结果为 1（逻辑真）。当然，这个计算过程与原式在数学中的含义（5＜4 并且 4＜3）是不一样的，C 语言用 5＜4&&4＜3 表达数学式子 5＜4＜3。

⑤ 对于含多个关系运算符的表达式，例如：num1＝＝num2＝＝num3＋5，根据运算符的左结合性，先计算 num1＝＝num2，该式不成立，其值为 0，再计算 0＝＝num3＋5，也不成立，故表达式值为 0。

2.3.4 逻辑运算符与逻辑表达式

1. 逻辑运算符

C语言提供了三种逻辑运算符，如表 2-7 所示。

表 2-7 逻辑运算符

类型	含义	优先级	结合性	示例
!	取反	2	从右向左	!a
&&	逻辑与	11	从左向右	a&&b
‖	逻辑或	12		a‖b

说明：

① "!"运算符优先级高于"&&"和"‖"运算符；逻辑运算符中的"&&"和"‖"低于关系运算符，"!"高于算术运算符。

② "!"运算符为一目（元）运算符（即只需要一个数据对象参加运算）；"&&"和"‖"运算符为二目（元）运算符（即需要两个数据对象参加运算）。

2. 逻辑表达式

逻辑表达式是由逻辑运算符将两个表达式连接起来的式子。

逻辑表达式的求值规则，如表 2-8 所示。

表 2-8 逻辑运算表

a	b	!a	!b	a&&b	a‖b
1	1	0	0	1	1
1	0	0	1	0	1
0	1	1	0	0	1
0	0	1	1	0	0

【例 2-9】 逻辑表达式应用举例。

程序代码：

```
#include <stdio.h>
void main()
{   int m=2,n=1,k=3;
    printf("%d&&0.5 结果：%d\n",k,k&&0.5);
    printf("%d‖%d 结果：%d\n",m,n);
    printf("0&&%d&&%d 结果：%d\n",n,m,0&&n&&m);
    printf("%d‖%d‖%d 结果：%d\n",m,n,k,m‖n‖k);
    printf("%d,!%d=%d,%d,!%d=%d,!%d‖%d 结果：%d\n",n,n,!n,m,m,!m,n,m,!n‖m);
    printf("%d<%d&&%d>%d 结果：%d\n",n,m,n,k,n<m&&n>k);
    printf("%d>%d&&%d+5‖%d 结果：%d\n",m,k,n,k,m>k&&n+5‖k);
    printf("%d+%d‖'c'==-2*%d 结果：%d\n",m,n,k,n,m+n‖'c'==-2*n);
}
```

运行结果：

3&&0.5 结果：1
1‖0 结果：0
0&&1&&2 结果：0
2‖1‖3 结果：1
1,!1=0,2,!2=0,!1‖2 结果：1
1<2&&1>3 结果：0
2>3&&1+5‖3 结果：1
2+1‖'c'==-2*3 结果：1

程序说明：

① 逻辑表达式的值是一个逻辑量"真(1)"或"假(0)"。当逻辑表达式成立时为"真"，不成立时为"假"。C 语言编译系统中用"1"代表"真"，用"0"代表"假"，但在判断一个量是否为"真"时，以非 0 代表"真"，即将一个非 0 的数值认为是"真"，以 0 代表"假"。例如：上述例题中，3&&0.5，结果为 1。

② 参与逻辑运算的量可以是任何类型的数据，如字符型、浮点型或指针型。例如：上述例题中，表达式 2+1‖'c'==-2*3。

③ 在逻辑与"&&"和逻辑或"‖"运算中，存在一种短路效应。如逻辑表达式 0&&1&&2(或 2‖1‖3)，当做与运算"&&"时，若运算符左边(如 0&&1)为假，则 C 不判断运算符右边的表达式，直接将表达式的值判断为假；当做或运算"‖"时，若运算符左边(如 2‖1)为真，则 C 不判断运算符右边的表达式，直接将表达式的值判断为真。

2.3.5 条件运算符与条件表达式

1. 条件运算符

条件运算符由符号"?"和":"组成,要求有三个操作对象,称三目(元)运算符。

2. 条件表达式

条件表达式的格式为:

表达式 1 ?表达式 2 : 表达式 3;

例如:

```
(x==y)?'T':'F'                    /*表达式 2 和表达式 3 为字符常量*/
(a>b)?printf("%d",a):printf ("%d",b)
                                  /*表达式 2 和表达式 3 为 printf( )函数*/
min=(a<b)?a:b;                    /*比较 a,b 大小,将较小值赋给 min*/
x>0?1:x<0?-1:0                    /*其等效于 x>0?1:(x<0?-1:0)*/
a>b?a:b+1                         /*其等效于 a>b?a:(b+1),而不等效于(a>b?a:b)+1*/
```

说明:

① 条件表达式的求值规则:如果表达式 1 的值为真,则以表达式 2 的值作为条件表达式的值,否则以表达式 3 的值作为条件表达式的值。

② 通常情况下,表达式 1、表达式 2 和表达式 3 的类型可以不同。表达式 1 一般为关系表达式或逻辑表达式,用于描述条件表达式中的条件,表达式 2 和表达式 3 可以是常量、变量或表达式。例如,上述例题中,表达式(x==y)?'T':'F'。

③ 条件表达式的优先级别仅高于赋值运算符,而低于前面介绍过的所有运算符。例如,上述例题中,表达式 min=(a<b)?a:b。

④ 条件运算符的结合方向为"从右向左"。例如,表达式 x>0?1:x<0?-1:0。

2.3.6 逗号运算符与逗号表达式

逗号运算符是 C 语言中提供的一种特殊的运算符,它将两个表达式连接起来。逗号表达式的格式为:

表达式 1,表达式 2;

说明:

① 表达式的求解过程是:先求解表达式 1,再求解表达式 2,整个逗号表达式的值是表达式 2 的值。

② 逗号格式中的表达式 2 还可以是一个逗号表达式;逗号运算符是所有运算符中优先级最低的运算符;并不是任何地方出现的逗号都是作为逗号运算符,例如 printf("%d,%d",a,b);中的"a,b"并不是一个逗号表达式,它是 printf( )函数中的两个参数。例如:a=9+1,7*2,a*4,先求解 a=9+1 得 10 并赋给 a,接着求 7*2 得 14,然后求 a*4 得 40,最后整个逗号表达式的值为 40。

2.4 位运算

C语言中保留了低级语言中的二进制位运算符(即对字节或字节内部的二进制位进行运算),并在计算机中把相关的运算以补码形式保存。采用位运算后,可以提高计算机的灵活性与效率,位运算符如表2-9所示。

表2-9 位运算符

运算符	含义	优先级	结合性	示例
~	位求反	2	从右向左	~q
<<	左移	6	从左向右	p<<3
>>	右移			q>>5
&	位与	9		p&q
|	位或	11		p|q
^	位异或	10		p^q

2.4.1 按位与、或、异或运算

1. 按位与运算

按位与运算符"&"是双目运算符,作用是对参加运算的两个二进制逐位进行逻辑与运算;运算规则是:参与运算的数以补码方式出现,只有对应的两个二进位均为1时,结果位才为1,否则为0(即 0&0=0,1&0=0,0&1=0,1&1=1)。

例如:10&20可写算式如下。

```
   00001010
&  00010100
   00000000
```

可见 10&20=0。

按位与运算通常用来对某些位清零或保留某些位。例如:把 a 的高8位清零,保留低8位,可作 a&255 运算(255的整型二进制数为(0000000011111111)$_2$)。

2. 按位或运算

按位或运算符"|"是双目运算符,作用是对参加运算的两个二进制数逐位进行逻辑或运算;运算规则是:参与运算的数以补码方式出现,只有对应的两个二进位有一个为1时,结果位就为1,否则为0(即 0|0=0,1|0=1,0|1=1,1|1=1)。

例如:a=1,b=−1,则 a|b=−1。

```
a      00000000   00000001
b      11111111   11111111
a|b    11111111   11111111
```

3. 按位异或运算

按位异或运算符"^"是双目运算符,作用是对参加运算的两个二进制数逐位进行逻辑异或运算;运算规则是:参与运算的数以补码方式出现,只有当对应的二进位相异时,结果为1,否则为0(即 0^0=0,1^0=1,0^1=1,1^1=0)。

例如:$a=15, b=0$,则 $a \wedge b=15$。

```
a     00000000  00001111
b     00000000  00000000
a^b   00000000  00001111
```

【例 2-10】 按位与、或、异或运算举例。

程序代码:

```
#include <stdio.h>
void main()
{   int a=5,b=12,c=a&b,d=a|b,e=7,f=4;
    printf("%d&%d=%d,%d|%d=%d\n",a,b,c,a,b,d);
    printf("e=%d,f=%d,%d^%d=%d\n",e,f,e,f,e^f);
    e=e^f;f=f^e;e=e^f;
    printf("%d^%d=%d,e=%d,f=%d\n",e,f,e^f,e,f);
}
```

运行结果:

```
5&12=4,5|12=13
e=7,f=4,7^4=3
4^7=3,e=4,f=7
```

运行说明:由上述例题可知,利用异或运算,可以实现不设置第三个变量就实现两个变量值的交换。

2.4.2 求反运算

求反运算符"~"为单目运算符,具有右结合性,作用是对一个二进制数逐位取反;运算规则是:参与运算的数以补码方式出现,将各位为1的变为0,为0的变为1。

例如:求~9 的值。

```
~  00000000 00001001
   11111111 11110110
```

2.4.3 按位左、右移运算

1. 按位左移运算

左移运算符"<<"是双目运算符,格式为:

变量 x <<左移位数 n

说明：

① 左移运算相当于乘幂运算。对无符号数，左移一位相当于乘 2，左移 n 位，则乘以 2^n。

② 对于用补码表示的正数，如果左移出的全部是 0，则移出后的最高位仍是 0；对于用补码表示的负数，如果左移出的全部是 1，则移出后的最高位仍是 1。

③ 若非上述情况（如左移出现溢出时），就不能简单地用乘以 2 来计算，如有符号字符型数 64，当它左移两位时，结果为 0。

④ 运算规则是：参与运算的数以补码方式出现，将其左移 n 位后，右端空出的位补零，而移出左端之外的位舍去。

例如：$a=3$，求 $a<<4$。

```
<<4   00000011
      00110000
```

2. 按位右移运算

右移运算符">>"是双目运算符，按位右移运算的格式为：

变量 x>>右移位数 n

说明：

① 右移运算的结果与操作数的符号有关。

② 右移运算相当于除幂运算。对无符号数，右移 1 位相当于除以 2，右移 n 位，则除以 2^n。

③ 对无符号数进行右移，左端空出的位一律补 0。对有符号数进行右移，符号位将随同移动。当为正数时（即逻辑右移），最高位补 0；当为负数时（即算数右移），符号位补 1，最高位是补 0 或是补 1 取决于编译系统的规定。VC++ 和很多系统规定为补 1。

④ 运算规则是：参与运算的数以补码方式出现，将其右移 n 位后，左端空出的位补 0 或 1，而移出右端之外的位舍去。

例如：$a=10$，求 $a>>2$。

```
>>2   00001010
      00000010
```

例如：$a=-32\,768$。

```
a         10000000  00000000
a>>1      01000000  11111111   逻辑右移，结果为 16384
a>>1      11000000  00000000   算术右移，结果为 -16384
```

【例 2-11】 按位左、右移运算和求反运算的应用举例。

程序代码：

```
#include<stdio.h>
void main( )
{   unsigned a = 12,b,f,e;
    b = a>>5;            /*逻辑右移 5 位*/
    f = a<<1;            /*逻辑左移 1 位*/
    e = ~a;              /*a 取反，然后将结果赋值给 e*/
```

```
        printf("a=%d,%d>>5=%d,%d<<1=%d,~%d=%d\n",a,a,b,a,e,a,f);
}
```

运行结果：

a=12, 12>>5=0, 12<<1=-13, ~12=24

2.5 输入和输出函数

在 C 语言中，输入输出是以计算机主机为主体而言的，功能是由库函数完成的，其中有：字符输入输出函数和格式输入输出函数。

2.5.1 字符的输入与输出函数

1. getchar 函数

getchar 函数的功能是从键盘读入一个字符，返回该字符的 ASCII，可以将该结果赋值给字符变量或整型变量，其一般格式为：

getchar( )

2. putchar 函数

putchar 函数的功能是向屏幕的当前光标位置输入一个字符，其一般格式为：

putchar(字符变量)

【例 2-12】 从键盘读入一个英文字符，改变其大小写状态输出。

程序分析：该题的意图是实现英文字符的输入和输出。所谓与原来不同的形式是指原来输入的是小写字母的，转换为大写字母输出；原来是大写字母的则转换为小写字母输出，也就是要实现大小写字母的转换，具体实现步骤是：

（1）首先从键盘读入一个英文字符。
（2）判断英文字符的大小写并进行转换。
（3）输出转换后的英文字符。

程序代码：

```
#include<stdio.h>               /*加载标准输入输出库函数文件*/
void main( )
{   char c;
    printf("请输入一个英文字符：");
    c=getchar();                /*接收一个字符,并保存到字符变量c中*/
    if(c>='a'&&c<='z')          /*也可写为 if(c>=97&&c<=122)*/
        c=c-32;                 /*小写字母转大写字母,需将其ASCII码值-32*/
    else c=c+32;                /*大写字母转小写字母,需将其ASCII码值+32*/
```

```
        putchar(c);              /*屏幕输出字符c*/
        printf("\n");
}
```

运行结果：

请输入一个英文字符：F✓
f
请输入一个英文字符：HS✓
h

程序说明：
① 使用 getchar 函数或 putchar 函数之前，必须加载头文件 stdio.h。
② 通常将输入的字符赋予一个字符变量，构成赋值语句，例如 char c;c=getchar( );。
③ getchar 函数只能接收单个字符或数字(即处理为字符的数字)。输入多于一个字符时(例如输入 HS✓)，只接收第一个字符(h)。
④ 程序中的 putchar(c);语句等价于 printf("%c",c);语句。
⑤ putchar 函数对控制字符执行控制功能，不在屏幕上显示。

2.5.2 格式输入与输出函数

在前面的例题中已多次使用过格式输入与输出函数，下面将具体介绍一下 scanf 函数和 printf 函数。

1. scanf 函数

scanf 函数，也称为格式输入函数，是一个标准库函数，其关键字最末一个字母 f 即为"格式"(format)之意。该功能是将键盘上输入的用户指定格式的数据存放到变量中。

scanf 函数调用的一般格式：

scanf("格式控制字符串",地址表列)

例如：

scanf(" %d , %s ", &x,&s);
         格式控制字符串   地址表列

说明：
① "地址表列"为各变量的地址，这部分由地址运算符"&"和后面的变量名组成(例如：&a,&b)。
② "格式控制字符串"中的数据是转换格式控制字符，其作用是控制屏幕输入指定数据的格式但不能显示非格式字符串，也就是不能显示提示字符串，其一般格式为：

% [*][输入数据宽度][长度]类型

(1) 类型：类型字符用以表示输入数据的类型，其格式符和意义如表 2-10 所示。

表 2-10 scanf 函数的类型格式字符及意义

类型格式字符	意义	类型格式字符	意义
c	单个字符	s	字符串
d 或 hd 或 ld	十进制有符号整数	u	无符号十进制整数
f	小数或指数形式的浮点数	x 或 X	十六进制无符号整数
o	八进制无符号整数		

说明：用"%c"格式符时，空格和转义字符作为有效字符输入。

(2) "*"符：抑制符，用以指定输入项读入后不赋给变量。

(3) 宽度：用十进制整数指定输入的宽度，遇空格或不可转换字符则结束。

(4) 长度：长度格式符为 h,l 两种，其意义表 2-11 所示。

表 2-11 长度及意义

长度	意义
h	按短整型量输入
l	在 d,o,x 前，按长整型量输入；在 e,f 前，按双精度量输入

2. printf 函数

printf 函数，也称为格式输出函数，是一个标准库函数，与 scanf 函数使用方法相同，其功能是在显示器屏幕上输出用户指定格式的内容。

printf 函数调用的一般格式为

printf("格式控制字符串",输出表列)

例如：

说明：在"格式控制字符串"中主要包括两种数据：一种是普通字符（即输出时按照原样输出，起提示作用）；另一种是转换格式控制字符（即屏幕输出指定格式的内容），这部分由"%"字符和有关控制字符组成，其一般格式为：

% [标志][输出最小宽度][.精度][长度]类型

(1) 类型：类型字符用以表示输出数据的类型，其格式符和意义如表 2-12 所示。

表 2-12 printf 函数的类型格式字符及意义

类型格式字符	意义
c	单个字符
d 或 hd 或 ld	十进制有符号整数（正数不输出符号）
e 或 E	指数形式浮点小数

续表

类型格式字符	意 义
f	小数形式浮点小数
g 或 G	e 或 f 中较短的一种
o	八进制无符号整数(不输出前缀 0)
s	字符串
u	无符号十进制整数
x 或 X	十六进制无符号整数(不输出前缀 0x)
%	百分号本身

(2) 标识：标识字符为"−"、"+"、"#"、空格 4 种，其意义表 2-13 所示。

表 2-13 printf 函数的标识及意义

标识	意 义
+	输出符号(正号或负号)
−	结果左对齐,右边填空格
#	对 c,s,d,u 类无影响；对 o 类,在输出时加前缀 o；对 x 类,在输出时加前缀
空格	输出值为正时冠以空格,为负时冠以负号

(3) 输出最小宽度：用十进制整数来表示输出的最少位数。若实际位数少于定义的宽度则补以空格或 0，否则按实际位数输出。

(4) 精度：精度格式符以"."开头，后跟十进制整数。若输出数字，则表示小数的位数；若输出字符，则表示输出字符的个数；若实际位数大于所定义的精度数，则截去超过的部分；若最小宽度不省略，则精度"."后的十进制整数应小于等于输出最小宽度。

(5) 长度：长度格式符为 h、l 两种，其意义如表 2-14 所示。

表 2-14 长度及意义

长度	意 义
h	按短整型量输出
l	在 d、o、x、u 前,按长整型量输出；在 e、f、g 前,按双精度量输出

【例 2-13】 格式输入与输出函数举例。

程序代码：

```
#include <stdio.h>
void main( )
{   int a,b;float m,n=314.15926;char str[10],c1;
    printf("整型数 a、b,字符型 c1,浮点数 m,字符串 str\n");
    scanf("%d,%d,%c,%f,%s",&a,&b,&c1,&m,&str);
    printf("变量%d 和%d 的存储单元是：%d,%d\n",a,b,&a,&b);
    printf("字符型：%c\n",c1);
    printf("%%c 格式%d:%c,\n",b,b);
    printf("%%d 格式%d:%d\n",b,b);
    printf("%%o 格式%d:%o\n",b,b);
```

```
        printf("% %x 格式 %d:%x\n",b,b);
        printf("% %u 格式 %d:%u\n",b,b);
        printf("% %e 格式 %f:%e\n",m,m);
        printf("% %f 格式 %f:%f\n",m,m);
        printf("% %g 格式 %f:%g\n",n,n);
        printf("% %3g 格式 %f:%3g\n",n,n);
        printf("% %s 格式 %s:%s\n",str,str);
    }
```

运行结果：

```
整型数 a、b,字符型 c1,浮点数 m,字符串 str
65000,66,j,314.15,Welcom ↙
65000 和 66 的存储单元是：1244996,1244992
字符型：j
%c 格式 66:B,
%d 格式 66:66
%o 格式 66:102
%x 格式 66:42
%u 格式 66:66
%e 格式 314.158997:3.141590e+002
%f 格式 314.15:314.15
%g 格式 314.159271:314.159
%3g 格式 314.159271:314.159
%s 格式 Welcom:Welcom
```

程序说明：

① C 编译系统在内存中给变量 a、b 分配的存储单元为 &a(1244996) 和 &b(1244992)。

② scanf 函数在本质上是给变量赋值，但要求写变量的地址，如 &a。

③ printf 函数中 %o 格式是以无符号八进制数据输出，%x 是以无符号十六进制数据输出。

④ 单精度浮点型数据有效位为 7 位或 8 位,超出部分数据舍去（如：314.159271%g 格式输出后为：314.159）。

【例 2-14】 输入三角形边长,求面积。

分析：已知三角形三边长 a,b,c，面积公式为 $s=\sqrt{1(1-a)(1-b)(1-c)}$，其中，$1=\frac{1}{2}(a+b+c)$。

程序代码：

```
#include <stdio.h>
#include <math.h>          /* sqrt 函数所在的头文件 */
void main()
{
    float a,b,c,s,area;
    printf("请输入三角形的三边：");
    scanf("%f,%f,%f",&a,&b,&c);
    s=1.0/2*(a+b+c);
```

```
            area = sqrt(s*(s-a)*(s-b)*(s-c));
            printf("a=%.2f,b=%.2f,c=%7.2f,s=%7.2f\n",a,b,c,s);
            printf("该三角形的面积 = %7.2f\n",area);
        }
```

运行结果：

请输入三角形的三边：3,4,5↙
a=3.00,b=4.00,c=5.00,s= 6.00
该三角形的面积 = 6.00

程序说明：语句 printf("a=%.2f,b=%.2f,c=%.2f,s=%7.2f\n",a,b,c,s);中的"%7.2f"是指输出的数据占 7 位，不足 7 位的在前补空格；"%.2f"是指输出的数据小数点后占 2 位。

2.6 不同数据类型之间的转换

当在一个表达式中参与运算的操作数的数据类型不一致时，运算是如何执行的？这是每一位编程者都在编程中思考的问题。在 C 语言中，它允许不同数据类型的数据之间进行混合运算，即在不同类型的数据进行混合运算之前，先对其中的一些操作数进行类型转换，再计算。针对表达式的类型转换，C 语言中提供了两种方式：自动转换（也称为隐式转换）和强制类型转换（也称为显示转换）。其中自动转换一般只发生在算术表达式的运算中。

2.6.1 自动转换

自动转换，也称为隐式转换，是指转换过程由编译系统自动完成，用户不需干预。一般地，双目运算中的算术运算符、关系运算符、逻辑运算符和位操作运算符组成的表达式，要求两个操作数的类型一致，如果操作数类型不一致，则转换为高的类型。

例如：

int i = 6; i = 7.5 + i;

说明：编译系统对 7.5 是作为 double 型数处理的，在求解表达式时，先将 6 转换成 double 型，然后与 7.5 相加，得到和为 13.5，在向整型变量 i 赋值时，将 13.5 转换为整数 13，然后赋给 i。

自动转换发生转换的情况为：
① 赋值转换：把一个值赋给与其类型不同的变量时。
② 运算转换：把不同类型的数据混合运算时。
③ 输出转换：输出时转换成指定的输出格式。
④ 函数调用转换：实参与形参类型不一致时转换。

1. 赋值转换

如果赋值运算符两边的数据类型不相同，系统将自动进行类型转换，即把赋值号右边的类型换成左边的类型。

【例 2-15】 赋值转换举例。

程序代码：

```
#include <stdio.h>
void main( )
{   int a,b = 322; float x,y = 8.88; char c1 = 'k',c2;
    printf("a = %d,x = %f,a = %d,c2 = %c\n",a,x,a,c2);
    a = y;x = b;
    printf("a = %d,x = %f\n",a,x);
    a = c1;c2 = b;
    printf("a = %d,c2 = %c\n",a,c2);
}
```

运行结果：

a = -858993460,x = -107374176.000000,a = -858993460,c2 = ?
a = 8,x = 322.000000
a = 107,c2 = B

程序说明：上述例题中，a 为整型，y 为浮点型，执行 $a=y$ 时，由于两者类型不匹配，因此需要先将浮点型 $y=8.88$ 转换为整型 8，再赋值给整型 a，语句执行完后 $a=8$；同理，x 为实型，b 为整型，执行完 $x=b$ 后 $x=322.000000$（增加了小数部分）；字符型 $c1$ 赋值给整型 a 时，先将字符型转换为对应的 ASCII 码再赋值；执行字符型 $c2=$整型 b 时，取其 8 位成为字符型（b 的低 8 位为 01000010，即十进制 66，按 ASCII 码对应于字符 B）。

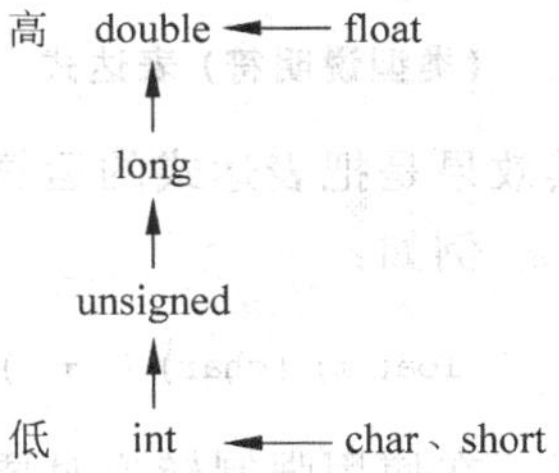

2. 运算转换

运算转换就是按照当不同类型的值在同一表达式中进行混合运算时，先自动转换成同一类型，然后进行运算。转换工作由编译系统自动完成。运算转换遵循的规则如图 2-4 所示。

图 2-4 运算转换规则图

说明：图中横向箭头表示：实型数都是按双精度进行的。也就是说，即使两个 float 类型的变量进行运算时，也是先转换成 double 型，然后进行运算。

【例 2-16】 混合运算类型转换举例。

已知：char ch = 'A'、int m = 5、float f = 2.0、double d = 2.5、long L = 10；计算表达式 ch + m - f * d / L 的值。

分析：表达式 ch+m-f*d/L 的运算过程如图 2-5 所示。

程序代码：

```
#include <stdio.h>
void main( )
{   char ch = 'A'; int m = 5;
    float f = 2.0; double d = 2.5;
    long L = 10;
    printf("%ld\n",ch + m - f * d / L);
}
```

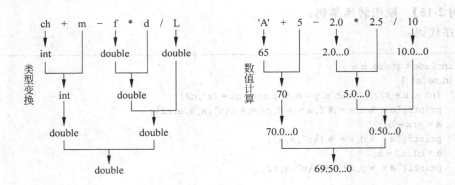

图 2-5 表达式 ch+m—f*d/L 的运算过程

运行结果：

0

2.6.2 强制类型转换

C语言也提供了以显示的形式强制转换类型的机制，从而实现了强制某一数据按指定类型参加运算的目标。强制类型转换在C语言中的一般格式为：

(类型说明符) 表达式

其效果是把表达式的运算结果强制转换为类型说明符所表示的类型。

例如：

```
float m; (char)(m+1);        /*浮点型m强制转换为字符型m*/
```

在使用强制转换时要注意以下几个问题：

① 强制类型转换时，类型说明符和表达式都必须加括号（单个变量可以不加括号）。

例如：

```
(double) a                   /*将a转换成double类型后参与运算*/
(int) x + y                  /*仅将x转换为int型，再与y相加*/
(float)(5%3)                 /*将5%3的值转换成float型*/
```

② 强制类型转换和自动转换一样，并不改变原表达式本身的值与类型，只是为了本次运算的需要而对变量的数据长度进行的临时性转换（即中间变量）。

例如：

```
(double) a                   /*将a转换成double类型后参与运算，a的类型不变*/
(int) (i*5 + y)              /*将"i*5 + y"的计算结果转换为int型，i*5+y的类型不变*/
```

【例 2-17】 计算求表达式(int)(6.5/4)的值。

分析：先计算6.5/4的值。int型的数值4自动转换为double型的值4.0参与运算，结果为double型的值1.625；再将double型的数值1.625强制转换为int型，在转换时小数部分被截去，结果为1。

程序代码：

```c
#include <stdio.h>
void main( )
{   int num1 = 4; float num2 = 6.5;
    printf("num1 = %d,(float)num1 = %f\n",num1,(float)num1);
    printf("num2 = %f,(int)num2 = %d\n",num2,(int)num2);
    printf("%f/%d = %f\n",num2,num1,num2/num1);
    printf("%f/%d = %d\n",num2,num1,(int)(num2/num1));
}
```

运行结果：

num1 = 4, (float)num1 = 4.000000
num2 = 6.500000, (int)num2 = 6
6.500000/4 = 1.625000
6.500000/4 = 1

程序说明：

① 运行结果中 num1 和 num2 本身的值并未发生变化，即表达式(float)num1 和表达式 num1 是不同的。

② 表达式 6.5/4 本身的值始终为 1.625，其类型也始终为实型（即强制类型转换，并不改变原表达式本身的值与类型）。

本章小结

本章主要介绍了 C 语言的基本数据类型（整型、实型和字符型）、常量和变量、常用运算符和表达式、位运算、输入输出函数的应用以及不同数据间的类型转换。其中各种数据类型的定义和使用是本章的教学重点，字符型和字符串型常量比较容易混淆，运算符的优先级和结合性比较难掌握。另外在使用输入函数时需注意输入格式及格式符的应用。

习题 2

2-1 在 C 语言中基本数据类型都有哪些？

2-2 什么是算术运算符？什么是关系运算符？什么是逻辑运算符？什么是位运算符？

2-3 在 C 语言中使用变量时需要注意的事项是什么？这样做有什么好处？

2-4 字符常量和字符串常量有什么区别？

2-5 不同数据类型的转换规律是什么？

2-6 在输入输出函数中经常用的格式符有哪些，各有什么特点？

2-7 写出下列表达式的值，设原来 $x=2$。

(1) x*=x+1   (2) x++,2*x   (3) x-=x+x   (4) 2*x,x+=2

2-8 求下面算术表达式的值：

(1) x+a%3*(int)(x+y)%2/4,设 x=2.5,a=9,y=4.9

(2) 'A'+(x-'a'+1),设 x='f'

(3) x+y*z-++i,设 x=2,y=4,z=1,i=3

(4) sin(a)+sin(b),设 a=90,b=30

(5) (int)((double)(x/2)+0.5+(int)1.99*2),设 x=3

2-9 写出下面逻辑表达式的值。设 $a=5, b=3, c=4$。

(1) a+b*3>c && b==c

(2) a && b+c && a-c

(3) !(a>b) && (c=b) || 0

(4) (a=3) && !c || 1

(5) !(a+b)+c-1 && b+c/2

2-10 写出下列程序运行结果：

(1)

```
#include <stdio.h>
void main()
{ printf("%d,%d,%d,%d,%d\n",2+3,5-4,-4*2,7/3,10%3);
  printf("%f%f%f%f%f\n",2+3,5-4,-4*2,7/3,10%3);
}
```

(2)

```
#include <stdio.h>
void main()
{ printf("\007ABC\011DE\012FGH\0XA");
  printf("\nABC\tDE\nQWE\n");
}
```

(3)

```
#include <stdio.h>
void main()
{ int i,j,k;
  scanf("%d,%d,%d",&i,&j,&k);
  k=i++-1; printf("%d\t%d\t",i,k);
  k=++k-1; printf("%d\t%d\t",k,k);
  i=j--+1; printf("%d\t%d\t",j,i);
  j=--k+1; printf("%d\t%d\t\n",k,j);
}
```

(4)

```
#include <stdio.h>
void main()
{ int i,j,k; i=j=1; k=i++,j++,++k;
  printf("%d,%d,%d\n",i,j,k);
```

```
    printf("%d,%d\n",k,++k);
    printf("%d,%d\n",k,k++);
}
```

(5)

```
#include <stdio.h>
void main( )
{   char i,j,m,n;
    scanf("%c,%c",&i,&j);
    m = getchar(); n = getchar();
    printf("%d,%d,%d\n",i,j,m);
    putchar(n);
    printf("\n");
}
```

第3章 C语言的控制结构

程序设计的最终产品是程序和文档,程序是利用计算机语言解决某个问题而设计的一系列操作指令和数据的集合。语句是程序的基本组成单位,一个程序由若干个程序语句组成。本章从程序流程的角度,介绍程序的三种基本结构,即顺序结构、选择结构、循环结构。

本章要点
➢ 理解结构化程序设计的思想和方法。
➢ 掌握选择结构程序设计的基本概念、方法和实现。
➢ 掌握循环结构程序设计的基本概念、方法和实现。

3.1 结构化程序设计

结构化程序设计是一种程序设计技术。它最早由 E. W. Dijkstra 在 1965 年提出,其主要观点是采用自顶向下、逐步求精的程序设计方法;以模块化设计为中心,将待开发的软件系统划分为若干个相互独立的模块,从而让完成每一个模块的工作变单纯而明确。1996年,计算机科学家 Bohm 和 Jacopini 从理论上证明了,任何简单或复杂的问题都可以由顺序结构、选择结构和循环结构这三种基本结构组合而成。由此,这三种结构就构成了结构化程序设计的重要控制结构。

3.1.1 结构化程序的基本结构

C 语言的结构化程序有三种基本结构:顺序结构、选择结构和循环结构。

1. 顺序结构

顺序结构表示程序中的各操作是按照它们出现的先后顺序执行的,在整个程序的执行流程中呈直线型,每条语句都执行,而且都只执行一次,如图 3-1 所示。在图 3-1(a)中,虚线框内即是一个顺序结构,矩形代表处理框,框中的内容(如语句 1 和语句 2)代表要处理的一个或一组操作,它们是顺序执行的,即先执行语句 1,再执行语句 2。

2. 选择结构

选择结构又称分支结构,表示程序的处理步骤出现了分支,

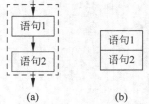

图 3-1 顺序结构流程图

它需要根据某一特定的条件选择其中的一个分支执行,如图 3-2 所示。选择结构有单选择、双选择和多选择三种形式。在图 3-2(a)的结构中包含一个判断框,执行流程是根据判断条件 P 是否成立来选择执行 A 框或 B 框中的一路分支。当条件 P 成立时,执行 A 框中的操作,然后退出选择结构;当条件 P 不成立时,执行 B 框中的操作,然后退出选择结构。其中,A 框或 B 框中可以有一个为空。

3. 循环结构

循环结构表示程序反复执行某个或某些操作,直到某条件为假(或为真)时才可终止循环。在循环结构中最主要的是:什么情况下执行循环?哪些操作需要循环执行?循环结构的基本形式有两种:当型循环和直到型循环。

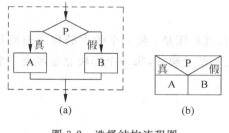

图 3-2　选择结构流程图

当型循环:其结构如图 3-3 所示。执行过程为:先判断条件 P1,当满足给定的条件时执行循环体 A,并且在循环终端处流程自动返回到循环入口;如果条件不满足,则退出循环体直接到达流程出口处。因为是"当条件满足时执行循环",即先判断后执行,所以称为当型循环。

直到型循环:其结构如图 3-4 所示。执行过程为:从结构入口处直接执行循环体 A,在循环终端处判断条件 P1,如果条件不满足,返回入口处继续执行循环体 A,直到条件为真时再退出循环到达流程出口处。因为是"直到条件为真时为止",即先执行后判断,所以称为直到型循环。

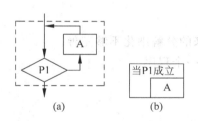

图 3-3　当型循环结构流程图

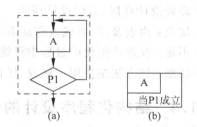

图 3-4　直到型循环结构流程图

3.1.2　结构化程序设计的特点

结构化程序设计支持自顶向下、逐步求精的结构化分析方法。对于一个较复杂的问题一般不能立即写出详细的算法或程序,但可以很容易写出一级算法,即求问题解的轮廓,然后对一级算法逐步求精,把它的某些步骤扩展成更详细的步骤,细化过程中,一方面加入详细算法,一方面明确数据,直到根据这个算法可以写出程序为止。

自顶向下、逐步求精的方法符合人类解决复杂问题的思维方式,用先全局后局部、先整体后细节、先抽象后具体的逐步求精过程开发出的程序不仅能显著提高软件的生产率,而且可以保证获得结构清晰、易于测试、修改和验证的高质量的程序。

一个结构化程序应当具有以下特点:

(1) 有一个入口、一个出口。

(2) 没有死语句(永远执行不到的语句)，每一个语句都至少应当有一条从入口到出口的路径通过它。

(3) 没有死循环(无限制的循环)。

3.1.3 结构化程序设计的方法

1. 模块化

模块化是指将程序进行整体分析，形成层次结构，其步骤是：将一个较大的程序根据其功能划分为若干模块，每一个模块又可继续划分为更小的子模块，每一个模块总是解决一个独立的问题。

2. 自顶向下

(1) 先设计第一层(即顶层)，然后步步深入，逐层细分，逐步求精，直到整个问题可用程序设计语言明确地描述出来为止。

(2) 步骤：首先对问题进行仔细分析，确定其输入、输出数据，写出程序运行的主要过程和任务；然后从大的功能方面把一个问题的解决过程分成几个问题，每个子问题形成一个模块。

(3) 特点：先整体后局部，先抽象后具体。

3. 自底向上

(1) 即先设计底层，最后设计顶层。

(2) 优点：由表及里、由浅入深地解决问题。

(3) 不足：在逐步细化的过程中可能发现原来的分解细化不够完善。

(4) 注意：该方法主要用于修改、优化或扩充一个程序。

3.1.4 结构化程序设计的步骤

1. 分析问题

对要解决的问题，首先必须分析清楚，明确题目的要求，列出所有已知量，找出题目的求解范围、解的精度等。

2. 建立数学模型

对实际问题进行分析之后，找出它的内在规律，就可以建立数学模型了。只有建立了模型的问题，才可能利用计算机来解决。

3. 选择算法

建立数学模型后，还不能着手编程序，必须根据数据结构，选择解决问题的算法。一般选择算法要注意：

① 算法的逻辑结构尽可能简单；

② 算法所要求的存储量应尽可能少；
③ 避免不必要的循环,减少算法的执行时间；
④ 在满足题目条件的要求下,使所需的计算量最小。

4．编写程序

把整个程序看作一个整体,先全局后局部,自顶向下,一层一层分解处理,如果某些子问题的算法相同而仅参数不同,可以用子程序来表示。

5．调试运行

将整个程序编译、调试后运行程序得出结论。

6．分析结果

根据运行结果分析程序,通过几组数据验证程序的正确性。

7．写出程序的文档

主要是对程序中的变量、函数或过程作必要的说明,解释编程思路,画出框图,讨论运行结果等。

3.2 顺序结构程序设计

顺序结构是结构化程序设计的三种基本结构之一,也是最基本、最简单的程序设计结构,它只是由一些基本 C 语言语句组成,不涉及复杂的算法。这种结构的基本特点是自顶向下,程序的语句都按照其出现的顺序逐条执行。

程序中的语句指的是当程序运行时执行某个动作的语法结构。由第 1 章可以看出 C 语言是由语句组成的。而在第 2 章中又进一步介绍了构造语句的元素及它们的规则(如常量、变量、运算符、表达式和结束符";"等)。因此,在 C 语言中,要想熟练地运用各种语句,需准确地理解和掌握其对应的语义,并按照某些特定的书写规则来设计。

C 语言语句作为表达算法命令或编译指令的基本语言单位,可分为 5 种类型：表达式语句、函数调用语句、控制语句、复合语句和空语句,其大体结构如图 3-5 所示。

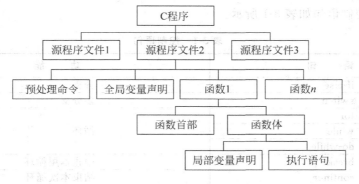

图 3-5　C 程序的结构

1．表达式语句

表达式语句是由一个完整的表达式加上分号";"组成的,其格式为:

<表达式>;

例如:

```
1;                    /* 合法的表达式语句,但没有实际意义 */
x + y;                /* 计算 x+y,但结果未被保存 */
m++,                  /* 自增 1 语句,m 值增 1,与 m=m+1;等价 */
 -- n;                /* 在 C 编译时,此处一条语句拆写成两行语句 */
```

说明:

① 执行表达式语句就是计算表达式的值。

② C 语言语句的书写比较自由,可以一行写几个语句,也可以将一条语句写多行,习惯上采用"一行一句"的格式。

2．函数调用语句

函数调用语句的目的是避免重复性的编程劳动,提高模块化程序设计的独立性。它由函数名、实际参数加上分号";"组成,一般格式为:

函数名(实际参数表)

例如:

```
printf("Welcome to use C Program\n");  /* 调用库函数,输出字符串 */
int x = -5,y;y = abs(x);               /* 调用 abs( )函数,并调用结果赋值给 y */
abs(x);                                 /* 调用绝对值函数语句 */
```

说明:

① $y=abs(x)$ 和 $abs(x)$ 含义不同,前者最终为赋值语句,后者为函数调用语句。

② 执行函数语句就是调用函数体并把实际参数赋予函数定义中的形式参数,然后执行被调函数体中的语句,求取函数值(在后面函数中再详细介绍)。

3．控制语句

控制语句由特定的语句定义符组成,用于控制程序的流程,以实现程序的各种结构方式。C 语言中控制语句如表 3-1 所示。

表 3-1 控制语句

语 句	功 能
if-else	分支
switch	多分支
for	循环
while	循环
do-while	循环
break	中止本层循环
continue	结束本次循环

4. 复合语句

复合语句又叫程序段或语句块,是将多条语句用一对大括号"{ }"括起来组成的一条语句。复合语句的格式为:

{语句 1; 语句 2; …; 语句 n; }

或

```
{   语句 1;
    语句 2;
    ……
    语句 n;
}
```

例如:

```
int x = 6; int y;
{   int z = 100; y = z/x;        /*复合语句,其中变量 z 和 y */
    printf("%d\n",y);             /*只在本复合语句中有效*/
    while(i<=9)
    {   z += i;                   /*复合语句作为循环体语句*/
        i = i + 2;
    }
}
```

说明:

① 复合语句在程序执行过程中作为一条语句来执行。如循环体语句、条件判断语句中的分支语句等,都可以采用复合语句。

② 在 C 语言的某种结构中(如选择结构、循环结构等),如果可执行的语句超过一条,必须写成复合语句的形式。

③ 复合语句可以嵌套(即复合语句内部可以有复合语句),通常在复合语句内部可以进行变量的定义和初始化,在其作用范围仅限于该复合语句内部(例如:变量 i,仅限于 while 循环体语句中)。

5. 空语句

空语句是没有任何符号的语句,仅仅只有分号";"组成。空语句的格式为:

;

例如:

```
while(getchar()!= '\n')
    ;                       /*循环体为空,简称"空循环"*/
void fun()
{           }               /*函数体为空*/
```

说明:

① 空语句本身没有实际功能,表示什么都不做。

② 设置空语句的目的是：定义程序结构并在以后增加语句（如函数体为空）；实现空循环等待（如循环体为空）和跳转等。

6. 赋值语句

赋值语句是在赋值表达式后面加上一个分号，它是 C 语言中最常用的一种语句。作用是将赋值号右边表达式的值赋给赋值号左边的变量。赋值语句常用的格式为：

变量 = <表达式>;

说明：

① 赋值语句执行过程是：先计算出"="右边表达式的值，然后将该值赋给"="左边的变量。

② C 语言中允许出现赋值的嵌套，即变量＝变量＝…＝表达式；。

③ 在变量说明中给变量赋初值和赋值语句是有区别的，给变量赋初值是变量说明的一部分，赋初值后的变量与其后的其他同类变量之间仍必须用逗号间隔，而赋值语句则必须用分号结尾；在变量说明中，不允许连续给多个变量赋初值，而赋值语句允许连续赋值。

④ 注意赋值表达式和赋值语句的区别：赋值表达式是一种表达式，它可以出现在任何允许表达式出现的地方，而赋值语句则不能。

例如：

```
int x = 5,y;                    /*给变量 x 赋初值*/
int a = b = c = 5;              /*语句非法*/
int c1 = 1,c2 = 3;              /*其等价于 c1 = 1;c2 = 3; */
n += 5;                         /*等价于 n = n + 5 复合赋值运算符看作赋值运算符*/
i = j = k = 6;                  /*其等价于：k = 6;j = k;i = j;*/
if((x = y + 5;)>0) z = x;       /*语句非法*/
```

【例 3-1】 输入两个数，互换并输出。

程序分析：在 C 语言中，数据都是保存到常量或变量中，要想实现两个数的交换需要先将两个数据分别存到变量中，接着引进一个存储临时数据的中间变量，最后作数据的交换。

程序代码：

```
# include < stdio.h >
void main( )
{   int x,y,t;                              /*定义变量*/
    printf("请输入两个数：");
    scanf("%d,%d",&x,&y);                   /*输入两个整数*/
    printf("交换之前两个数分别为：%d,%d\n",x,y);   /*输出交换前的值*/
    t = x; x = y; y = t;                    /*应用中间临时变量 t,实现两个数的交换过程*/
    printf("交换后两个数为：%d,%d\n",x,y);    /*输出交换后的数据*/
}
```

运行结果：

请输入两个数：10,15 ↙
交换之前两个数分别为：10,15
交换之后两个数分别为：15,10

【例 3-2】 键盘输入任意三位数,求其各位数字之和。

程序分析:要想求一个三位数的各位数字,需要用到算术运算符"/"和"%"。设这个三位数为 n,其百位上的数字为 n/100,十位上的数字为(n-百位上的数字*100)/10,个位上的数字为 n%10。

程序代码:

```c
#include <stdio.h>
void main()
{   int n=0,x=0,y=0,z=0,sum=0;
    printf("请输入一个三位数: ");
    scanf("%d",&n);                    /*输入任意三位数*/
    x=n/100;                           /*求百位数*/
    y=(n-100*x)/10;                    /*求十位数,也可以用 y=n/10-x*10;*/
    z=n%10;                            /*求个位数*/
    sum=x+y+z;
    printf("这个三位数%d: 百位上是%d,十位上是%d,个位上是%d,各位数字之和是: %d\n",
    n,x,y,z,sum);
}
```

运行结果:

请输入一个三位数: 123 ↙
这个三位数 123: 百位上是 1,十位上是 2,个位上是 3,各位数字之和是: 6

【例 3-3】 输入一个大写字母,将其转化为小写字母输出。

程序分析:单字母的输入、输出可以用 getchar()函数、putchar()函数,也可以用 scanf()函数、printf()函数。在字符编码集中,大写字母和小写字母的 ACSII 码相差 32,因此,小写字母=大写字母+32。

程序代码:

```c
#include <stdio.h>
void main()
{   char c;
    printf("输入一个大写字母: ");           /* 输入提示 */
    c=getchar();
    printf("转换之前原大写字母为: ");
    putchar(c);
    printf("\n");
    printf("转换之后新小写字母为:");
    putchar(c+32);                        /*大写字母转化为小写字母*/
    printf("\n");
}
```

运行结果:

输入一个大写字母: Y ↙
转换之前原大写字母为: Y

转换之后新小写字母为:y
输入一个大写字母:d↙
转换之前原大写字母为:d
转换之后新小写字母为:

程序说明：上述例题中，当输入的字符不符合题目要求（即输入的字符不是大写字母）时，程序将出现未知结果。能否在输入前，先对输入数据进行限制，以确保输入非大写字母时，不执行转换或输出呢？答案当然是肯定的，不过需要引入选择结构，详见 3.3 节。

【例 3-4】 输入 a,b,c 的值，求一元二次方程 $ax^2+bx+c=0$ 的实根，其中 $b^2-4ac>0$ 且 $a\neq 0$。

程序分析：一元二次方程 $ax^2+bx+c=0(b^2-4ac>0$ 且 $a\neq 0)$，可解得两个不同的实根为

$$x_1=\frac{-b-\sqrt{b^2-4ac}}{2a} \quad x_2=\frac{-b+\sqrt{b^2-4ac}}{2a}$$

由上式，令 $p=\frac{-b}{2a}$，$q=\frac{\sqrt{b^2-4ac}}{2a}$，则 $x_1=p-q$，$x_2=p+q$。

在 C 语言中，平方功能可以使用标准数学函数库 math 文件中的平方根函数 sqrt()。算法用 N-S 图表示，如图 3-6 所示。

| 输入系数 a,b,c |
| 计算 b^2-4ac，并赋给 disc |
| 计算 p 和 q |
| 计算 $p+q$，并赋给 x_2 |
| 计算 $p-q$，并赋给 x_1 |
| 输出 x_1 和 x_2 |

图 3-6 求一元二次方程的根

程序代码：

```
#include <stdio.h>
void main()
{ float a,b,c,disc,x1,x2,p,q;
    printf("请输入 a,b,c: ");              /*输入提示*/
    scanf("%f,%f,%f",&a,&b,&c);            /*输入系数 a、b、c*/
    disc = b*b-4*a*c;
    p = -b/(2*a);
    q = (float) sqrt(disc)/(2*a);
    x2 = p+q;x1 = p-q;
    printf("该方程的实根为: x1 = %.3f\tx2 = %.3f\n",x1,x2);
}
```

运行结果：

请输入 a、b、c: 1,-5,4↙
该方程的实根为: x1 = 4.000 x2 = 1.000

【例 3-5】 已知三角形的两条边及夹角，求其第三边长度。

程序分析：该题可利用余弦定理求得。设三角形两条边分别为 a 和 b，夹角为 α（程序中用标识符 alpha 代表），则第三边的长度 c 为

$$c=\sqrt{a^2+b^2+2ab\cos(\alpha)}$$

简化上式，令 $x=\text{alpha}*\text{PI}/180$，$y=a*a+b*b-2*a*b*\cos(x)$，则 $c=\text{sqrt}(y)$。算法 N-S 图如图 3-7 所示。

输入三角形的两条边 a、b 及其夹角 alpha
将 alpha 由度转换成弧度,并赋给 x
计算余弦定理根号中的部分,并赋给 y
计算 y 的平方根,并赋给 c
输出第三边 c

图 3-7 利用三角形的两条边及其夹角求其第三边长度

程序代码:

```c
#include <stdio.h>
#include <math.h>
#define PI 3.141596                          /*定义符号常量PI*/
void main()
{   float a,b,c,x,y,alpha;
    printf("输入两边 a,b 和夹角 alpha: ");    /*输入提示*/
    scanf("%f,%f,%f",&a,&b,&alpha);           /*输入三角形的两条边及其夹角*/
    x = alpha * PI/180;                       /*将 alpha 由度转换成弧度*/
    y = a*a + b*b - 2*a*b*cos(x);             /*利用余弦定理求第三边的长度*/
    c = sqrt(y);
    printf("c = %.3f\n",c);
}
```

运行结果:

输入两边 a、b 和夹角 alpha: 3,4,90 ↙
c = 5.000

3.3 选择结构程序设计

在例 3-3 中,提出"能否在输入前,先对输入数据进行限制,以确保输入非大写字母时,不执行转换或输出"这样的问题。而在现实生活中,类似于这样的问题还有很多,如判断数值的正、负,比较成绩的高、低,年龄大小等,这些都需要先对某个条件进行分析和判断,然后根据判断结果选择不同的处理方法。在 C 程序设计中提供了可以进行逻辑判断和选择的选择结构,它可以先依据运行时的计算结果,将程序的处理步骤进行分支,然后执行时根据某一特定的条件来确定某些分支执行还是不执行,或者是从若干个分支中选择一个分支执行。

选择结构又称为分支结构。C 语言的选择结构有单分支、双分支和多分支三种形式;其语句有两类,一类是 if 语句,另一类是 switch 语句,以下将分别进行介绍。

3.3.1 if 语句

if 语句是选择结构的一种形式,又称为条件分支语句。它通过对给定条件的判断,来决定所要执行的操作。在 C 语言中,if 语句有简单 if 语句、分支 if 语句和多分支 if 语句三种。

1. 简单 if 语句

简单的 if 语句的格式为：

`if(表达式)  语句;`

说明：

① 表达式的类型通常是一个逻辑表达式、关系表达式，但也可以是数值类型表达式（包括整型、实型、字符型、指针型数据表达式）、条件表达式等任意类型的表达式。

② 语句可以是单条语句，也可以是复合语句，甚至是空语句。

③ 执行过程是：首先计算表达式的值，如果表达式的值为真，则执行语句段；否则就跳过语句，直接执行 if 语句的后继语句，具体执行过程如图 3-8 所示。

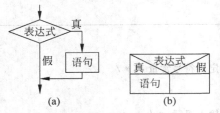

图 3-8 简单 if 语句流程图

【例 3-6】 输出一个整数的绝对值。

程序分析：由于一个数的绝对值必须为非负数，因此本题中只需考虑该数小于 0 时执行整数的转换的情况。

程序代码：

```
#include <stdio.h>
void main()
{ int x;
  printf("请输入一个整数：");
  scanf("%d",&x);
  printf ("整数%d的绝对值是:",x);
  if(x<0) x = -x;
  printf ("%d\n",x);
}
```

运行结果：

请输入一个整数：-72 ✓
整数 -72 的绝对值是：72
请输入一个整数：12 ✓
整数 12 的绝对值是：12

【例 3-7】 将任意三个整数 a、b、c 按从大到小的顺序输出。

程序分析：对于任意三个整数，有 6 种可能：$a>b>c$、$a>c>b$、$b>a>c$、$b>c>a$、$c>a>b$、$c>b>a$。若直接输出，程序结构上很"难看"，写出的程序代码会很"累赘"，也容易犯错。

例如：

`if(a>b&&b>c) printf("%d,%d,%d",a,b,c);`

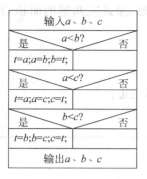

图 3-9 三个数的排序算法

```
if(a>c&&c>b) printf("%d,%d,%d",a,b,c);
if(b>a&&a>c) printf("%d,%d,%d",a,b,c);
if(b>c&&c>a) printf("%d,%d,%d",a,b,c);
if(c>a&&a>b) printf("%d,%d,%d",a,b,c);
if(c>b&&b>a) printf("%d,%d,%d",a,b,c);
```

现采用交换法对上述情况优化,方法如下:
① 若 $a<b$,则交换 a 和 b;
② 若 $a<c$,则交换 a 和 c,结果 a 最大;
③ 若 $b<c$,则交换 b 和 c,结果 $a>b>c$;输出 a、b、c。

其算法 N-S 图,如图 3-9 所示。

程序代码:

```
#include<stdio.h>
void main( )
{   int a,b,c,t;
    printf("请输入三个整数:");
    scanf("%d,%d,%d",&a,&b,&c);           /*数据输入部分*/
    if(a<b)                                /*数据处理部分*/
    {   t=a,a=b,b=t; }                     /*a 和 b 的比较*/
    if(a<c)                                /*数据处理部分*/
    {   t=a,a=c,c=t; }                     /*a 和 c 的比较*/
    if(b<c)                                /*数据处理部分*/
    {   t=b,b=c,c=t; }                     /*b 和 c 的比较*/
    printf("排序后的结果为:%d,%d,%d\n",a,b,c);  /*数据输出部分*/
}
```

运行结果:

请输入三个整数:3,-5,1↙
排序后的结果为:3,1,-5

2. 分支 if 语句

分支 if 语句的格式为:

if(表达式) 语句 1;
else 语句 2;

说明:

① 分支 if 语句中的 else 不能省略,并且在每个 else 前面有一个分号,后面有一个空格或空行。

② 语句 1 和语句 2 部分可以是单条语句,也可以是复合语句,甚至是空语句。

③ 执行过程是:首先计算表达式的值,如果表达式的值为真,则执行语句 1;否者就执行语句 2,具体执行过程如图 3-10 所示。

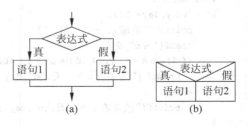

图 3-10 完整的 if 语句流程图

【例 3-8】 输入三条线段 a,b,c 的长,若 a,b,c 能够构成三角形,求此三角形的面积,否则输出 not。

程序分析:本题中含两条条件判断信息:

① 三条线段 a,b,c 非负;

② 判断三边构成三角形的满足条件是:任意两边之和大于第三边。

程序代码:

```c
#include <stdio.h>
#include <math.h>
void main( )
{   float a,b,c,l,s;
    printf("请输入三条线段a,b,c的长: ");
    scanf("%f,%f,%f",&a,&b,&c);
    if (a+c>b && a+b>c && b+c>a && a>0 && b>0 && c>0)
    {
        l=(a+b+c)/2.0;
        s=sqrt(l*(l-a)*(l-b)*(l-c));
        printf("此三边可以构成三角形,其面积为: %f \n",s);
    }
    elseprintf("not\n");
}
```

运行结果:

请输入三条线段a,b,c的长:3,4,5✓
此三边可以构成三角形,其面积为:6.000000
请输入三条线段a,b,c的长:2,2,4✓
not
请输入三条线段a,b,c的长:13,-7,8✓
not

【例 3-9】 输入任意一个年份,输出该年的总天数。

程序分析:在输出一年的总天数前,需要判断该年是闰年(366 天)还是平年(365 天),其中闰年的判断条件是能被 4 整除但不能被 100 整除,或者能被 400 整除。

程序代码:

```c
#include <stdio.h>
void main( )
{   int y,day=365;
    printf ("请输入一个年份: ");
    scanf("%d",&y);
    if ((y%4==0&&y%100!=0) || y%400==0)       /*闰年*/
        printf ("该年有: %d天.\n",day+1);
    else                                       /*平年*/
        printf("该年有: %d天.\n",day);
}
```

运行结果：

请输入一个年份：2012✓
该年有：366 天。
请输入一个年份：2013✓
该年有：365 天。

程序说明：上述例题中，在分支 if 语句结构中，若语句 1 和语句 2 都是对同一个变量（day）进行赋值操作，则该 if 语句可以变化为条件表达式语句的形式；否则，将不能进行转换。读者可以考虑一下怎样用条件表达式语句描述例 3-9？

3. 多分支 if 语句

多分支 if 语句也称 if 语句的嵌套，常用来多次判断选择。在此结构中，由于 if 语句的语句段要求是一条合法的语句，而 if 语句本身就是一条合法的 C 语言语句，所以可以将 if 语句作 if 语句的语句段。

多分支 if 语句的格式为：

```
if (表达式 1) 语句 1;
else if (表达式 2) 语句 2;
    else if (表达式 3) 语句 3;
        ⋮
        else if (表达式 n-1) 语句 n-1;
            else 语句 n;
```

说明：

① 此结构含有多个分支 if 语句。

② 执行过程是：首先计算表达式 1 的值，若为"真"（非 0），执行语句 1，否则进行下一步判断；若表达式 2 为真，执行语句 2，否则进行下一步判断……直到找到结果为真的表达式 n，执行与之匹配的执行语句，然后结束整个多分支结构，最后执行多分支 if 语句的后继语句，具体执行过程如图 3-11 所示。

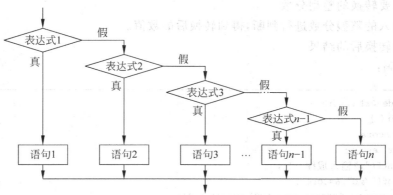

图 3-11 多分支 if 语句流程图

【例 3-10】 某公司招聘员工，录用人数和面试人数符合函数关系：

$$y = \begin{cases} 4x & (1 \leqslant x \leqslant 10) \\ 2x+10 & (10 < x \leqslant 100) \\ 1.5x & (x > 100) \end{cases}$$

其中 x 是录用人数,y 是面试人数。编一程序,输入一个 x 值,输出 y 值。

程序分析:本题中所给函数是一个分段函数,需要先判断 x 的值,再计算 y 的值。

程序代码:

```c
#include <stdio.h>
void main()
{   int x,y;
    printf("请输入录用人数: ");
    scanf ("%d",&x);
    if (x>=1&&x<=10) y=4*x;
    else if (x>10&&x<=100) y=2*x+10;
    else y=1.5*x;
    printf ("录用人数%d人时,应聘人数为: %d人.\n",x,y);
}
```

运行结果:

请输入录用人数: 9✓
录用人数 9 人时,应聘人数为: 36 人。
请输入录用人数: 31✓
录用人数 31 人时,应聘人数为: 72 人。
请输入录用人数: 123✓
录用人数 123 人时,应聘人数为: 184 人。

【例 3-11】 将一个百分制的成绩转换为五级分制来输出,即 90 分以上对应 A,80～89 分对应 B,70～79 对应 C,60～69 对应 D,60 以下对应 E。

程序分析:该题是要对输入的 100 以内的数值对应转换成五级分制,存在多种判断情况,因此是典型的多分支结构形式,可以用多分支结构实现,具体操作步骤为:

① 输入要转换的整型分数。
② 对输入的整型分数进行判断,得到转换后的数值。
③ 输出转换后的结果。

程序代码:

```c
#include <stdio.h>
void main()
{   int score;
    char result;
    printf("请输入成绩: ");
    scanf(" %d",&score);
    if(score>=90&&score<=100) result='A';
        else if(score>=80) result='B';
            else if(score>=70) result='C';
                else if(score>=60) result='D';
                    else if(score>=0) result='E';
    printf("等级为: %c\n",result);
}
```

运行结果:

请输入成绩:78↙
等级为:C
请输入成绩:100↙
等级为:A
请输入成绩:48↙
等级为:E

3.3.2 switch 语句

当分支较多时,利用 if 语句设计出来的程序会变得复杂冗长,并且很容易产生 if 与 else 不匹配的问题。C 语言提供了 switch 语句专门处理多路分支的情形,以使程序变得更简洁。switch 语句的格式为

```
switch(表达式)
{
    case 常量表达式 1：语句组 1; [break;]
    case 常量表达式 2：语句组 2; [break;]
    ⋮
    case 常量表达式 n - 1：语句组 n - 1; [break;]
    [default:语句组 n; ]
}
```

说明:

① switch、case、default 是 C 语言的保留字,"[ ]"内部分为可选项。

② switch 的表达式通常是一个整型或字符型变量,也允许是枚举型变量,其结果为相应的整数、字符或枚举常量。case 后的常量表达式必须是与表达式对应一致的整数、字符或枚举常量。

③ 在每个 case 语句后,允许有多个语句,但不必用"{ }"括起来。

④ case 后面的常量表达式不能相同,它仅起语句标号的作用,表示程序的入口,但不表示结束。如果想跳出 switch 语句,需要引入 break 语句,详见第 3 章第 3.6 节。

⑤ 各 case 和 default 子句的先后顺序可以任意交换,而不会影响程序的执行结果,但要注意合理地添加 break 语句。

⑥ 用 switch 语句实现的多分支程序,完全可以用 if 语句来实现。

⑦ 执行过程为:先用表达式的值与"case 常量表达式"逐个进行比较,在找到值相等的常量表达式时,执行其后面的语句组,当遇到 break 语句或整个 switch 语句终止时结束 switch 语句执行,所以必须恰当运用 break 语句来终止 switch,具体执行过程如图 3-12 所示。

【例 3-12】 输入一个数字,如果该数字是 1~7,则分别输出星期一~星期日的英文单词,否则,提示输出错误。

程序代码:

```
#include<stdio.h>
void main( )
```

```
    {   int a;
        printf("请输入一个整数：");
        scanf("%d",&a);
        switch (a)
        {
            case 1:printf("Monday\n"); break;
            case 2:printf("Tuesday\n"); break;
            case 3:printf("Wednesday\n");break;
            case 4:printf("Thursday\n"); break;
            case 5:printf("Friday\n"); break;
            case 6:printf("Saturday\n"); break;
            case 7:printf("Sunday\n"); break;
            default:printf("输出错误!\n");break;
        }
    }
```

运行结果：

请输入一个整数：3 ↙
Wednesday
请输入一个整数：8 ↙
输出错误!

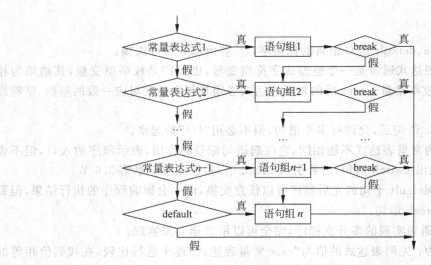

图 3-12 switch 语句流程图

【例 3-13】 用 switch 语句重写例 3-11,将百分制成绩分为 5 段输出。

程序分析：除不及格档次外,其他各等级中每个数的十位数字均相同(100 除外)。可以用成绩的十位数字作为条件来写程序。设成绩为 score,除以 10 取整后的结果为 k。

程序代码：

```
#include <stdio.h>
void main( )
```

```c
{int score,k;
    printf("请输入成绩：");
    scanf(" % d",&score);
    k = score/10;
    switch(k)
    {
        case 10:
        case 9: printf("优秀\n"); break;
        case 8: printf("良好\n"); break;
        case 7: printf("中等\n"); break;
        case 6: printf("及格\n"); break;
        default: printf("不及格\n");
    }
}
```

运行结果：

请输入成绩：88↙
良好
请输入成绩：60↙
及格

3.4 循环结构程序设计

在求解问题的过程中，有时候需要将程序中的某些操作过程执行若干次，而顺序结构和选择结构只能按照语句的前后次序执行。在本节中将介绍一种按照指定的条件重复执行某个特定执行的控制方法——循环结构。它的特点是在给定条件成立时，反复执行某程序段，直到条件不成立为止，其中给定的条件称为循环条件，反复执行的程序段称为循环体，控制循环次数的变量称为循环控制变量。在 C 语言中提供了三种循环语句（即 while 语句、do-while 语句、for 语句），循环结构形式在某些条件下可以进行互换。

3.4.1 while 语句

while 循环是一种当型的循环，即在满足一定的条件时才执行后面的循环体语句。while 语句的格式为：

while(表达式)
{循环体；}

说明：

① 括号中的"表达式"是循环控制条件，它可以是任何表达式，通常为条件表达式、关系表达式、逻辑表达式。当"表达式"的值不是逻辑值时，则将非 0 看作逻辑"真"，把 0 看作逻辑"假"。

② "循环体；"可以是单一语句，也可以是复合语句。如果是单一语句时，可以不加花括号"{ }"，但后面必须有结束符"；"；如果是复合语句，必须放在花括号中。

③ 如果 while 语句的括号后面只有";",则循环体为空。这种循环叫做"空循环"。

④ 如果表达式=1,则循环体将无限次循环,直到循环体内遇到 break,return,goto,exit(0)等为止。这种循环叫做"无限循环"。

⑤ 执行过程为:先计算条件表达式的值,当值为真(非 0)时,执行循环体语句。当条件表达式不成立(值为 0)时,结束循环,执行循环体外的语句,具体过程如图 3-13 所示。

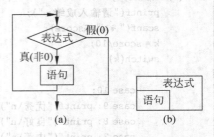

图 3-13 while 语句流程图

【例 3-14】 用 while 循环,求 1~100 内奇数的和。

程序分析:本题中含有两个条件。

① 在 C 语言中,累加运算是指将一个表达式多次执行,本题就是一个累加运算问题,其累加共执行 50 次。

② 奇数的步长为 2。

设循环变量 i=1,其和 sum=0,每执行一次循环,循环体语句 sum=sum+i 也执行一次,并且循环自变量 i=i+2,直到 i>100 为止。此题的流程图如图 3-14 所示。

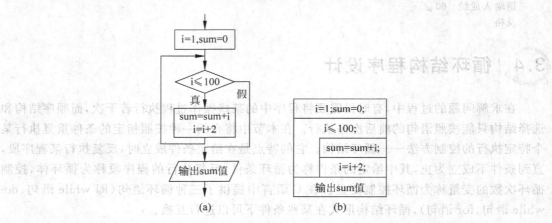

图 3-14 例 3-14 的程序流程图

程序代码:

```c
#include <stdio.h>
void main( )
{   int i = 1, sum = 0;              /*循环控制变量初始化*/
    while(i <= 100)                   /*循环条件*/
    {
        sum += i; i = i + 2;          /*循环体*/
    }
    printf("1~100 内奇数的和为: %d\n", sum);
}
```

运行结果：

1～100 内奇数的和为：2500

程序说明：在上述例题中，本程序中的循环条件判断一共执行了 50 次。循环控制变量 i 是通过 $i=i+2$ 来改变的，如果没有这一运算，$i<=100$ 就总是成立，该循环将成为"死循环"，因此，在循环结构中变量 i 的作用是特别的，既要参与 sum+=i 运算，又要控制循环的次数。

3.4.2 do-while 语句

do-while 循环是一种直到型循环，即一直执行到条件不成立为止。do-while 语句的格式为：

```
do
{循环体；}
while(表达式);
```

说明：

① do-while 循环与 while 循环的执行情况基本相同，所不同的是 do-while 循环结构中循环体至少执行一次；do-while 语句中 while(表达式)后的";"不能省略。

② 执行过程为：先执行循环中的语句，然后再判断表达式是否为"真"，如果为"真"则继续循环；如果为"假"，则终止循环。执行过程如图 3-15 所示。

【例 3-15】 用 do-while 循环改写例 3-16。

采用 do-while 循环后，其流程图如图 3-16 所示。

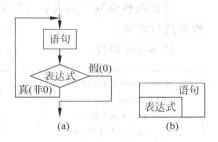

图 3-15 do-while 语句流程图

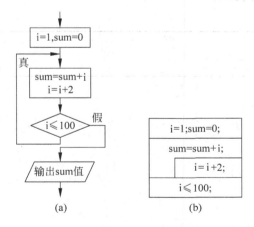

图 3-16 采用 do-while 循环的程序执行过程

程序代码：

```
#include<stdio.h>
void main()
```

```
    {   int i = 1, sum = 0;                      /* 循环控制变量初始化 */
        do
        {
            sum += i; i = i + 2;                 /* 循环体 */
        } while(i <= 100);                       /* 循环条件 */
        printf("1～100 的奇数和为: %d\n", sum);
    }
```

运行结果:

1～100 的奇数和为: 2500

程序说明:由例 3-14 和例 3-15 可以看出,如果程序无特殊要求,一般情况下 while 语句和 do-while 语句是可以通用的。

【例 3-16】 while 和 do-while 循环比较。

下面两种编写方式有什么区别:读者上机运行。运行时输入数据分别输入 1 和 4,注意检验运行结果。

1) while 循环

```
#include <stdio.h>
void main( )
{   int sum = 0, i;
    scanf("%d", &i);
    while(i <= 3)
    { sum = sum + i; i++; }
    printf("sum = %d", sum);
}
```

2) do-while 循环

```
#include <stdio.h>
void main( )
{   int sum = 0, i;
    scanf("%d", &i);
    do
    {
        sum = sum + i;
        i++;
    }while(i <= 3);
    printf("i = %d, sum = %d\n", i, sum);
}
```

3.4.3 for 语句

在 C 语言中,for 语句是常用的循环控制语句,其特点是:功能强大,使用非常灵活,变化多端,应用范围广。for 语句既可以用在循环次数确定的情况,也可以用于循环次数未知的情况,所以用 while 语句所能解决的问题都可以用 for 来解决。for 语句的格式为:

for(表达式 1; 表达式 2; 表达式 3)
{ 循环体 }

说明:

① 在 for 语句的格式中有三个表达式,它们可以是任意类型的表达式,其中表达式 1 用于循环变量初始化,通常采用赋值表达式的形式;表达式 2 用于控制循环条件,通常为关系表达式或逻辑表达式,但也可是数值表达式或字符表达式,只要其值非零,就执行循环体;表达式 3 用于修改循环控制变量的值,通常为赋值表达式的形式,目的是使表达式 2 的值为假,以结束循环。

② 循环体语句部分是 for 语句的循环体,可以是单一语句,也可以是复合语句,甚至是空语句。

③ for 语句非常灵活,括号内的三个部分之间用";"分开,使用时可以省略其标准格式中的部分或全部表达式,但中间的两个";"不可省略。

④ 执行过程:第一步,计算表达式 1;第二步,求解表达式 2,若其结果为非 0 值,则执行循环体语句;若值为 0,则结束 for 语句的执行;第三步,计算表达式 3,转向第二步。执行过程,如图 3-17 所示。

例如:将例 3-14 用 for 语句来实现,可用以下语句段求解。

```
sum = 0;
for( i = 1; i <= 100; i = i + 2)
sum = sum + i;
```

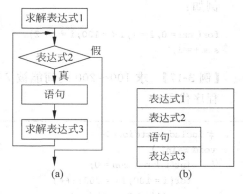

图 3-17 for 语句的执行流程图

由于 for 语句在使用时可以省略其标准格式中的部分或全部表达式,因此上式也可以转化为以下几种形式:

① 省略表达式 1,将 $i=1$ 放在 for 语句之前,执行该 for 语句时,则跳过表达式 1 执行。例如:

```
sum = 0; i = 1;
for( ; i <= 100; i = i + 2)
  sum = sum + 1;
```

② 省略表达式 1 和表达式 3,此时它与 while 语句完全相同。例如:

```
sum = 0; i = 1;
for( ; i <= 100; )           /* 等价于 while(i <= 100) */
  sum += i + 2;
```

由此可得,for 循环和 while 循环转换的通式:

```
       for 循环                    while 循环
   表达式 1;                   表达式 1;
   for(   ;表达式 2;   )       while(表达式 2)
   {                           {
       循环体;                     循环体;
       表达式 3;                   表达式 3;
   }                           }
```

③ 省略表达式 2,此时将不再判断循环条件(即循环条件为永真),循环无终止地进行下去。为了避免死循环,需要引入 break 语句,先在循环体内进行判断,当满足一定条件时,再跳出循环(详见第 3 章第 3.6 节)。

例如:

for(i = 1; ; i = i + 2)

④ 表达式 1 可用逗号表达式。

例如:

for(sum = 0, i = 1; i <= 100; i = i + 2)
sum += i;

【例 3-17】 求 100～200 之间能被 7 整除的数的个数。

程序代码:

```c
#include <stdio.h>
void main()
{   int i, k = 0, sum = 0;
    for(i = 100; i <= 200; i++)
        if(i%7 == 0) k = k + 1;
    printf("100～200 之间能被 7 整除的数的个数为: %d\n", k);
}
```

运行结果:

100～200 之间能被 7 整除的数的个数为: 14

3.4.4 几种循环的比较

1. 几种循环的简单比较

(1) 4 种循环都可以用来处理同一个问题,一般可以互相代替。

(2) 使用 while 和 do-while 循环时,循环体中应包括使循环趋于结束的语句。for 语句功能最强。

(3) 用 while 和 do-while 循环时,循环变量初始化的操作应在 while 和 do-while 语句之前完成,而 for 写程序较紧凑、清晰,能利用表达式 1 给变量初始化并修改其值。

2．几种循环的适用环境

（1）若循环的次数确定时，使用 for 较合适。

（2）需要先执行后判断时，使用 do-while 较合适。在 do-while 中至少能执行一次循环体，而 while 和 for 是"先判断后执行"，若条件一开始就不成立，循环体将一次也不执行。

（3）要求结构比较清晰时，使用 while 和 do-while 较合适。

3.4.5 循环结构的嵌套

前面讲述的几种循环结构形式比较简单，但实际生活中遇到的问题，有可能是一层层的，这时候就要将一种循环结构套用在另一种循环结构中来使用，这种结构称为循环嵌套结构。根据所嵌套循环的层数，分成单循环、双重循环及多重循环。在 C 语言中，可以将 while、do-while、for 三种循环相互嵌套使用，其部分结构形式如表 3-2 所示。

表 3-2　循环嵌套的几种形式

1	2	3	4	5	6	7
while( )	do	for( )	while( )	do	for( )	for( )
{	{	{	{	{	{	{
…	…	…	…	…	…	…
while( )	do	for( )	for( )	for( )	while( )	do
{	{	{	{	{	{	{
…	…	…	…	…	…	…
}	} while( );	}	}	}	}	} while( );
…	…	…	…	…	…	…
}	} while( );	}	}	} while( );	}	}

说明：

① 在循环嵌套结构中，根据所在的层次位置，将内部的循环称为内层循环（或内循环），外部的循环称为外层循环（或外循环）。外循环可以包含两个及两个以上的内循环，但循环不能相互交叉。

② 执行过程是：首先执行外循环，然后执行内循环，外循环每执行一次，内循环就完整执行一次。若内循环中还有嵌套的循环，则进入嵌套循环结构中，顺次执行有关的循环结构；若在某层循环结构中嵌套了两个或多个并列的循环结构，则从外循环进入时，顺次执行这几个并列的循环结构。

【例 3-18】 打印九九乘法口诀。输出格式如下：

```
1×1=1
2×1=2  2×2=4
3×1=3  3×2=6  3×3=9
……
9×1=9  9×2=18 9×3=27  ……  9×9=81
```

程序分析：九九乘法口诀表呈三角形，共有 9 行，每行列数与行数相同，所以循环中又涉及循环，可用双重循环实现。打印方法是：设内层循环循环次数与外层循环变量的值相等,用外循环控制行数(包括打印一行中的所有列和换行),在内循环中打印某一行上的所有列。

程序代码:

```c
#include <stdio.h>
void main( )
{   int i,j;
    for(i=1;i<=9;i++)
    {
        for(j=1;j<=i;j++)
            printf("%d×%d=%2d",i,j,i*j);
        printf("\n");
    }
}
```

运行结果:

```
1×1= 1
2×1= 2   2×2= 4
3×1= 3   3×2= 6   3×3= 9
4×1= 4   4×2= 8   4×3=12   4×4=16
5×1= 5   5×2=10   5×3=15   5×4=20   5×5=25
6×1= 6   6×2=12   6×3=18   6×4=24   6×5=30   6×6=36
7×1= 7   7×2=14   7×3=21   7×4=28   7×5=35   7×6=42   7×7=49
8×1= 8   8×2=16   8×3=24   8×4=32   8×5=40   8×6=48   8×7=56   8×8=64
9×1= 9   9×2=18   9×3=27   9×4=36   9×5=45   9×6=54   9×7=63   9×8=72   9×9=81
```

程序说明:在上述例题中,输出格式控制是值得考虑的。在微机上,用 printf( ) 函数输出时,屏幕上最多可显示 25 行,每行 80 个字符,为了使得输出的算式更紧凑,程序中数据的输出使用了字符占位格式的控制。

3.4.6 break 语句和 continue 语句

在之前学习的三种循环中,都有循环终止的判断条件,正常情况下只有该循环条件为假时才结束循环。实际上有时候并不需要执行全部循环体语句,尤其是在循环条件复杂的情况或多种条件嵌套的情况,只希望在满足一定的条件下可以跳过其中一部分或终止所在循环结构层次部分的执行。这时需要一个控制来改变程序中语句的执行顺序,使程序从某一语句有目的地转移到另一语句继续执行。C语言提供了三种控制循环的语句:break 语句,continue 语句和 goto 语句(本书未作介绍)。

1. break 语句

break 语句通常用在 switch 语句或循环语句中,作用分别是结束当前的选择结构或结束所在的循环结构,使程序有目的地转移到另一语句继续执行。break 语句的格式为:

```
break;
```

说明：

① 当 break 语句用在 switch 语句中时，可使程序跳出 switch 而执行 switch 以后的语句。

② 当 break 语句用于 do-while、for、while 循环语句中时，可使程序终止循环而执行循环后面的语句，通常 break 语句总是与 if 语句联在一起的。

③ 在多层循环中，一个 break 语句只向外跳一层。

【例 3-19】 判断一个正整数 m 是否素数。

程序分析：素数是指一个大于 1 的自然数，除了 1 和它本身外，不能被其他自然数整除（除 0 以外）的数。判断正整数 m 是不是素数的基本方法是：将 m 分别除以 $2,3,\cdots,m-1$，若都不能整除，则 m 为素数。事实上不必除那么多次，因为 $m=\sqrt{m}*\sqrt{m}$，所以，当 m 能被大于等于 $\sqrt{m}$ 的整数整除时，一定存在一个小于等于 $\sqrt{m}$ 的整数，使 m 能被它整除。因此，此题判断素数的算法优化为只要输入的数据 m 满足不能被 2 到 $\sqrt{m}$ 范围内的任意数整除，则 m 是素数。

程序代码：

```
#include<stdio.h>
#include<math.h>
void main( )
{   int m,i,k;
    printf("请输入一个正整数 m: ");
    scanf("%d",&m);
    k=sqrt(m);                          /*求循环的最大范围*/
    for(i=2;i<=k;i++)
        if(m%i==0) break;               /*跳出外层 for 循环*/
    if(i>=k+1)
        printf("%d是素数.\n",m);
    else
        printf("%d不是素数.\n",m);
}
```

运行结果：

请输入一个正整数 m: 8 ✓
8 不是素数.
请输入一个正整数 m: 17 ✓
17 是素数.

2. continue 语句

continue 语句只用在循环语句（for、while、do-while 等）的循环体中，常放在 if 条件语句后，用来加速循环。其作用是：结束本次循环（即跳过循环体中尚未执行的语句），强行执行下一次循环。continue 语句的形式为：

continue;

【例 3-20】 找出 200 之内能被 8 整除的所有自然数，并按每行 5 个数的格式输出。

程序分析：本题是一个循环过程，可以采用 for 语句实现，设循环变量 $i=1$，循环条件为

$i\leq 200$，当 i 能被 8 整除时，用 printf 函数输出 i 的值，否则就执行 continue 语句，判断是否执行下一次循环。

程序代码：

```
#include <stdio.h>
void main( )
{   int i,n = 0;
    for(i = 1;i <= 200;i++)
    {
        if(i % 8!= 0) continue;
        n++;
        printf(" % d\t",i);
        if(n % 5 == 0) printf("\n");       /*每行 5 个数*/
    }
}
```

运行结果：

```
   8    16    24    32    40
  48    56    64    72    80
  88    96   104   112   120
 128   136   144   152   160
 168   176   184   192   200
```

程序说明：在本例题中，只有 i 能被 8 整除时，才执行 printf 函数；否则将执行 continue 语句，结束本次循环（即跳过后面的 printf 语句），然后 i 值加 1，再继续判断 $i\leq 200$ 是否为真而决定是否再进行下一次循环。

由上面的例 3-19 和例 3-20 可以看出，continue 语句和 break 语句都可用于循环语句的循环体，但它们对循环次数的控制是有区别的：break 语句用于立即退出当前循环，而 continue 语句仅跳过当次循环（本次循环体内不执行 continue 语句后的其他语句，但下次循环可能还会执行）。下面通过一个例子来说明它们之间的区别。

【例 3-21】 continue 语句和 break 语句的区别举例。

程序代码：

```
#include <stdio.h>
void main( )
{   int i;
    printf("break 语句使用情况：\n");
    for(i = 1;i <= 5;i++)
    {
        if(i == 3) break;
        printf(" % d \t", i);
    }
    printf("\ncontinue 语句使用情况：\n");
    for(i = 1;i <= 5;i++)
    {
        if(i == 3) continue;
```

```
        printf("%d\t",i);
    }
    printf("\n");
}
```

运行结果：

break 语句使用情况：
1   2
continue 语句使用情况：
1   2   4   5

程序说明：从上述例题程序的运行结果可见，第一个 for 循环当 i 值为 3 时用 break 语句结束循环，所以只显示出前 2 个数；而第二个 for 循环当 $i=3$ 时只是结束本次循环，然后进行下次循环，所以只有数字 3 未输出。

3.5 应用举例

【例 3-22】 在射击比赛模拟系统中，靶面被分隔为若干同心圆，如图 3-18 所示。如果与 10、9、8、7、6 环对应的圆的半径分别为 1、2、3、4、5，脱靶记为 0 环。若以靶心为坐标原点，那么根据中靶点 $M(x,y)$ 的坐标，就可以计算出每次击发的成绩。试编程模拟这一计算过程。

程序分析：要计算 M 点对应的环数，就要先计算 M 到靶心的距离 $r=\sqrt{x^2+y^2}$。若 $r\leqslant 1$ 则为 10 环；若 $1<r\leqslant 2$，则为 9 环；若 $2<r\leqslant 3$，则为 8 环；若 $3<r\leqslant 4$，则为 7 环；若 $4<r\leqslant 5$，则为 6 环；以此类推。若 $r>5$，则为 0 环。算法 N-S 图如图 3-19 所示。

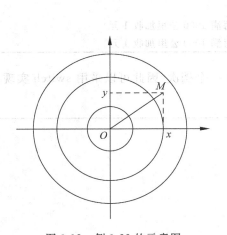
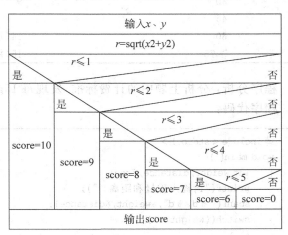

图 3-18 例 3-22 的示意图　　　　图 3-19 例 3-22 的算法

程序代码：

```
#include <stdio.h>
#include <math.h>
```

```
void main( )
{   float x,y,r;int score;
    printf("请输入靶点M的横纵坐标x,y: ");
    scanf("%f,%f",&x,&y);
    r = sqrt(x*x + y*y);
    if(r<=1)    score = 10;
    else if(r<=2)    score = 9;
        else if(r<=3)    score = 8;
            else if(r<=4)    score = 7;
                else if(r<=5)    score = 6;
                    else score = 0;
    printf("score:%d\n",score);
}
```

运行结果：

请输入靶点M的横纵坐标x,y: 3,4 ↙
score:6
请输入靶点M的横纵坐标x,y: 1,2 ↙
score:8

【例 3-23】 设邮寄包裹的计费标准如表 3-3 所示，输入包裹重量以及邮寄距离，计算出邮费。

表 3-3 计费标准

重量/g	邮资/(元/件)
15	5
30	9
45	12
60	14（每满 1000 公里加收 1 元）
≥75	15（每满 1000 公里加收 1 元）

程序分析：分析上题中的计费标准，发现每 15g 一个档次，因此可以采用 switch 实现。

程序代码：

```
#include <stdio.h>
void main( )
{   int weight,distance,free;
    printf("请输入重量和距离：");
    scanf("%d,%d",&weight,&distance);
    switch((weight-1)/15)
    {
        case 0: free = 5;break;
        case 1: free = 9; break;
        case 2: free = 12; break;
        case 3: free = 14 + distance/1000;break;
        default: free = 15 + distance /1000;
    }
}
```

```
        printf("邮费是：%d\n",free);
}
```

运行结果：

请输入重量和距离：60,800 ↙
邮费是：14
请输入重量和距离：78,1200 ↙
邮费是：16

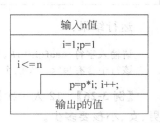

图 3-20 例 3-24 流程图

【例 3-24】 求 $n!$。

程序分析：求 $n!$ 实际就是求 $1\times 2\times 3\times \cdots \times n$，其中 n 的值从键盘输入。用 N-S 结构流程图来表示此例的算法如图 3-20 所示。

程序代码：

```
#include<stdio.h>
void main( )
{   long p = 1;                    /*p用于累积,初值为1*/
    int i = 1,n;
    printf("请输入 n: ");
    scanf("%d",&n);
    while(i<=n)
    {
        p = p * i;
        i++;
    }
    printf("%d!=%ld\n",n,p);
}
```

运行结果：

请输入 n: 5 ↙
5! = 120

【例 3-25】 任意输入一行字符，统计字母 a 和 A 的个数。

程序分析：由于事先不知道输入的字符有多少，因此循环次数不固定，本程序宜采用直到型循环。结束循环的条件是读取到的字符为回车符 '\n'。

程序代码：

```
#include<stdio.h>
void main( )
{   char ch;int count = 0;
    printf("请输入字符:");
    do
    {
        ch = getchar();
```

```
            if(ch == 'A' || ch == 'a') count++;              /*判断是否为字母A或a*/
        }while(ch!= '\n');                                    /*判断是否为回车*/
        printf("该行中含有'a' or 'A'的个数为：%d\n",count);
    }
```

运行结果：

请输入字符:asdfghjklA↙
该行中含有'a' or 'A'的个数为：2

【例3-26】 12人一次搬12块砖，男搬4，女搬2，两个小孩抬一块。要一次搬完。问：男、女、小孩要多少。

程序代码：

```
#include<stdio.h>
void main()
{   int a,b,c,i=0;
    printf("     男士人数     女士人数     小孩人数\n");
    for(a=0;4*a<=12;a++)
        for(b=0;4*a+3*b<=12;b++)
            for(c=0;4*a+3*b+c/2<=12;c+=2)
                if(4*a+3*b+c/2==12)
                {
                    i++;
                    printf("方案%2d: %5d%10d%10d\n",i,a,b,c);
                }
}
```

运行结果：

```
        男士人数   女士人数   小孩人数
方案 1:     0         0         24
方案 2:     0         1         18
方案 3:     0         2         12
方案 4:     0         3         6
方案 5:     0         4         0
方案 6:     1         0         16
方案 7:     1         1         10
方案 8:     1         2         4
方案 9:     2         0         8
方案10:     2         1         2
方案11:     3         0         0
```

本章小结

本章首先介绍了结构化程序设计的相关基础知识，接着针对C语言中的控制结构做了详细介绍，重点介绍了顺序结构、选择结构、循环结构的基本概念、方法和实现，最后针对本章的知识点进行了举例说明。

习题 3

3-1 键盘输入任意三个数据,求其平均值。

3-2 有函数:$y=\begin{cases} x & (x<1) \\ 2x-1 & (1 \leqslant x<10) \\ 3x-11 & (x \geqslant 10) \end{cases}$ 编程,输入 x 值,输出对应的 y 值。

3-3 输入一个不多于 5 位的正整数,逆序输出各数位上的数。

3-4 "谷角猜想":对于任意一个自然数 n,若 n 为偶数,则将其除以 2;如 n 为奇数,则将其乘以 3 加 1,其结果再反复做前面的运算,经过有限次运算后,总可以得到自然数 1,试编程验证之。

3-5 牛顿迭代法求下列方程在 1.5 附近的根:$2x^3-4x^2+3x-6=0$。

3-6 阿米巴用简单分裂方式繁殖,每分裂一次要用 3 分钟。将若干个阿米巴放在一个盛满营养液的容器内,45 分钟内充满了阿米巴。一只容器最多可以装阿米巴 220 个,试问,开始的时候在容器内放了多少个阿米巴?

3-7 从键盘输入一个整数,判断该数是几位数,逆向输出该数。

3-8 甲、乙两个会计进行点钞票比赛,甲的速度为 5 张/秒,乙为 8 张/秒。乙在甲已经点了 100 张钞票后才开始,问:只要几秒时间乙就可以超过甲?

3-9 使用循环结构,打印以下的几何图形。

```
******
 ******
  ******
   ******
```

3-10 "百鸡百钱"问题:"鸡翁一值钱五,鸡母一值钱三,鸡雏三值钱一。百钱买百鸡,问鸡翁、鸡母、鸡雏各几何?"

第4章 数组

数组是在 C 程序设计中,为了处理方便,把具有相同类型的若干变量按有序的形式组织起来的一种常用的构造数据类型。数组中每一个元素都属于同一个数据类型,用统一的数组名和下标唯一地确定数组中的元素。按组成数组元素的类型不同,数组又可分为数值数组、字符数组、指针数组、结构体数组等各种类别。按维数分类,数组又可分为一维数组、二维数组和多维数组。

本章要点
- 理解数组在内存中的存放形式。
- 掌握一维数组和二维数组的定义和数组元素的引用。
- 掌握字符串与字符数组的区别。
- 掌握各种字符串库函数的用法。

4.1 一维数组的定义和引用

在实际应用中,经常将一组相同类型的数据进行加工,如对某班学生的某一门课的成绩求平均、求各分数段人数、按分数高低排序等处理。为此首先需要把这些数据保存起来,在 C 语言中引入数组来存放这样的一组数据。

所谓一维数组是指只需指出一个下标就能唯一确定数组中一个元素的数组。

4.1.1 一维数组的定义

一维数组的定义方式为

数据类型　数组名 1[常量表达式 1], …, 数组名 n[常量表达式 n];

其中,类型说明符是任一种基本数据类型或构造数据类型。数组名是用户定义的数组标识符。方括号中的常量表达式表示数组元素的个数,也称为数组的长度。

例如:

```
int x[10];
```

表示定义了一个名为 x 的整型数组,该数组有 10 个元素,有时也称数组的长度为 10,这 10 个元素分别为 $x[0]$、$x[1]$、$x[2]$、$x[3]$、…、$x[9]$。

对于数组类型说明应注意以下几点：

① 数组的类型实际上是指数组元素的取值类型。对于同一个数组，其所有元素的数据类型都是相同的。

② 数组名的书写规则应符合标识符的书写规定。

③ 数组名不能与其他变量名相同。

例如：

```
main()
{
    int x;
    float x[10];
    …
}
```

是错误的。

④ 方括号中常量表达式表示数组元素的个数，如 $x[10]$ 表示数组 x 有 10 个元素，但是其下标从 0 开始计算。

⑤ 不能在方括号中用变量来表示元素的个数，但是可以是符号常量或常量表达式。

例如：

```
#define FD 10
main()
{
    int x[1+2],y[1+FD];
    …
}
```

是合法的。

但是下述说明方式是错误的。

```
main()
{
    int x=5;
    int y[x];
    …
}
```

⑥ 数组定义以后，程序执行的时候系统就会分配相应的内存空间。数组元素在内存中是连续存储的，其形式如下：

$x[0]$	$x[1]$	$x[2]$	$x[3]$	$x[4]$	$x[5]$	$x[6]$	$x[7]$	$x[8]$	$x[9]$

数组所占用的内存空间的字节数为

$$数组长度 \times sizeof(数据类型)$$

在 TC 编译环境下，如数组 x 在内存中占的空间为 $10 \times sizeof(int) = 10 \times 2$ 字节 = 20 字节。因此在程序设计过程中，要根据实际需要来定义数组的长度。

4.1.2 一维数组的初始化

数组的初始化是指在定义数组时给数组元素赋初值。一维数组初始化的格式为

数据类型　数组名[常量表达式] = {初值列表};

例如：

int x[3] = {1,2,3};

其作用是将常量 1、2、3 分别存入数组元素 $x[0]$、$x[1]$、$x[2]$ 中。

说明：

① 初值列表可以是数值型常量、字符常量或字符串，初值必须依次放在花括号"{ }"内，各值之间用逗号隔开。

② 可以只给部分数组元素赋初值。例如：

int x[10] = {1,2,3,4,5};

数组 x 有 10 个元素，但只提供 5 个初值分别赋给前 5 个元素，后 5 个元素由系统自动赋值 0。如果在定义数组的时候没有赋予任何初值，数组元素的值为随机值。

例如：

```
#include <stdio.h>
void main()
{
  int x[3];
  x[2] = 1;
  printf("x[1] = %d",x[1]);
}
```

输出结果为：

x[1] = -858993460

③ 在进行数组的初始化时，"{ }"中值的个数不能超过数组元素的个数。例如下面是一种错误的数组初始化方式：

int x[5] = {1,2,3,4,5,6,7,8};

④ 在给数组所有元素赋初值时，可以不指定数组长度，由系统根据初值的个数来确定数组的长度。

例如：

int x[ ] = {1,2,3,4,5};

系统会自动定义数组 x 的长度为 5。

⑤ 如果欲将数组所有元素的初值置为 0，可以采用以下方式：

int x[10] = {0};

4.1.3 一维数组元素的引用

C语言规定数组不能以整体形式参与数据处理,只能逐个引用数组元素。一维数组的引用方式为:

数组名[下标]

其中下标可以是整型常量、整型变量或整型表达式。假如有定义:

```
int x[10] = {5,8,2,6,9};
int i = 2;
```

则以下是正确的表达式:

x[5] = x[1] + x[i] + x[i + 2],

执行结果

x[5] = 19

如果想将 1,2,3,…,10 依次存入数组 x 中,可通过下面循环来实现:

```
for(k = 0;k <= 9;k++)
    x[k] = k + 1;
```

也可以通过下面的循环来实现对数组 x 中元素的输入:

```
for(k = 0;k <= 9;k++)
    scanf(" % d",&x[k]);
```

上述代码在执行的时候需要用户通过键盘手工依次输入数组的值。

在对数组引用的过程中需要注意以下几点:

① 只能逐个引用数组元素,而不能一次引用整个数组。

② 可以像使用普通变量一样来使用数组元素,数组元素可以出现在表达式的任何地方。

③ 数组的长度和下标是两个完全不同的概念。如 int a[10];表示数组 a 有 10 个元素,只能有效引用 a[0]、a[1]、a[2]、…、a[9]这 10 个元素。如果程序中出现对 a[10]的引用,这时 C 语言的编译系统不会出错,但 a[10]的值是不确定的,而且在执行的时候系统会给出提示,如图 4-1 所示。

图 4-1 数组引用下标超出范围时执行报错

4.1.4 一维数组的应用举例

【例 4-1】 输入 5 个整数存入一维数组中,找出其中的最大值并指明是数组中的第几个元素。

程序分析:

① 定义含 10 个元素的一维数组 a,输入 10 个整数存入其中。

② 先把第一个元素 $a[0]$ 存入变量 max 中,定义最大值元素下标的变量 m 并赋初值 0。

③ 将数组中其余元素 $a[i]$ 依次与 max 比较,如 $a[i]$ 比 max 大就存入 max 中,同时将元素下标 i 存入变量 m 中。

④ 输出 max 和 $(m+1)$ 的值,其中 max 即为数组中元素的最大值,$(m+1)$ 即为对应的元素序号。

程序代码:

```c
#include<stdio.h>
void main()
{   int a[10],max,m,i;
    printf("input 10 numbers: \n");
    for(i=0;i<10;i++)
        scanf("%d",&a[i]);
    max=a[0];
    m=0;
    for(i=1;i<10;i++)
        if (a[i]>max) {max=a[i]; m=i;}
            printf("the max number: \n");
    printf("max=%d,m=%d \n",max,m+1);
}
```

程序运行情况:

```
input 10 numbers:
1 2 3 4 5 6 7 8 9 0 ↙
the max number:
max=9,m=9
```

在例 4-1 中用到了循环结构和选择结构。注意输出的数组元素最大值的序号与元素对应的下标不同,应为下标值加 1。

求若干个数的最小值的算法类似,请读者自己完成。

【例 4-2】 输出 Fibonacci 数列:1,1,2,3,5,8,13,…前 20 项。Fibonacci 数列的前两个数据项都是 1,从第三项开始的数值是它前面两个数据项之和。

程序分析:

① 定义含 20 个元素的一维数组 a,并对 $a[0]$、$a[1]$ 赋初值 1。

② 利用递推关系 $a[k]=a[k-1]+a[k-2]$($k \geqslant 2$)生成数组的其他元素。

③ 按每行 5 个数输出数组中的元素。

程序代码：

```
#include <stdio.h>
void main()
{   int k;
    long f[20] = {1,1};
    for(k = 2;k < 20;k++)
        f[k] = f[k - 2] + f[k - 1];
    for(k = 0; k < 20; k++)
    {   if(k % 5 == 0) printf("\n");
        printf(" % 10ld", f[k]);
    }
}
```

程序运行结果：

```
         1         1         2         3         5
         8        13        21        34        55
        89       144       233       377       610
       987      1597      2584      4181      6765
```

在例 4-2 中,定义存储 Fibonacci 数列的数组类型为 long 型,可以保证在 Fibonacci 数列较长时数值不会超过范围。循环输出数组中 20 个元素的过程中,语句 if(k%5==0)表示 k 值是否可以被 5 整除,如果整除则判断结果为 true。如想改变每行输出数的个数,只做相应的变动即可。如用语句 if (k%8==0) printf ("\n");控制每行输出数为 8 个元素。

【例 4-3】 用交换法对 10 个整数由小到大进行排序。

程序分析：

① 首先把第一个数和后面的数依次进行比较,如果后面的数比第一个数小就交换,否则不交换。这样一轮的操作就会把 n 个数中最小者移到最前面(第一个位置)。

② 按照①的做法,把第二个数和后面的 n－2 个数进行第二轮的比较操作,就会把后 n－1 个数中最小者移到第二个位置。

③ 重复上述操作,共经过 n－1 轮次的操作结束排序。

例如对 4 个整数 4,3,2,1 由小到大进行排序的过程。

原顺序：   4   3   2   1
第一轮：   1   4   3   2
第二轮：   1   2   4   3
第三轮：   1   2   3   4

需要(4－1)=3 轮就可完成排序。

程序代码：

```
#include <stdio.h>
void main()
{   int N,n,k,t,c,s,a[10];
```

```
            c = 0;s = 0;
            printf("How many numbers is sorted?(less equal than 10)\n");
            scanf (" % d",&N);
            printf("please input the % d numbers\n",N);
            for(k = 0; k < N; k++)
                scanf (" % d", &a[k]);
            for(n = 0; n <= (N − 2); n++)
            for(k = n + 1; k < N; k++)
            {   c++;
                if(a[k]< a[n]) {t = a[n]; a[n] = a[k];a[k] = t;s++;}
            }
            printf("compared % d times;swaped % d times\n",c,s);
            printf("The sorted numbers;\n");
            for(k = 0;k < N;k++)
                printf(" % 4d",a[k]);
        }
```

程序运行情况:

```
How many numbers is sorted? (less equal than 10)
5
please input the 5 numbers
5 4 3 2 1
compared 10 times;swaped 10 times
The sorted numbers:
   1   2   3   4   5
```

首先程序提示输入需要比较的数据个数,因为定义数组时不能用变量,存储被比较的数据放在数组 a 中,a 只定义了 10 个元素,所以要求比较的个数不能大于 10。通过嵌套循环语句实现了交换比较算法。为了比较程序的执行效率,在程序中定义了变量 c 和 s,分别表示执行交换算法时比较的次数和交换的次数。即使输入数据的元素相同,但当输入数据的排序不同时,比较次数都相同,交换次数不同。

对若干个数进行排序是非常典型、重要的问题,人们对此进行了多种算法设计,除了本例介绍的交换法外,还有选择法、冒泡法、插入法等。下面再介绍冒泡法排序的算法及程序设计。

【例 4-4】 用冒泡法对 n 个整数由小到大进行排序。

程序分析:冒泡法排序的基本思想是对每相邻的两个数进行比较,如果前面的数比后面的数大就交换两个数的位置,否则不交换。

用冒泡法对 n 个整数由小到大进行排序的过程如下:

① 对 n 个数从头到尾进行每相邻的两个数进行比较,即第一个数与第二个数比较,第二个数与第三个数比较,以此类推。如果前面的数比后面的数大就交换两个数的位置,第一轮的操作就会把 n 个数中的最大者移到最后(第 n 个位置)。

② 对前 n−1 个数从头到尾进行第二轮操作就会把前 n−1 个数中最大者移到第 n−1 个位置。

③ 重复上述操作,共经过 n−1 轮次的操作结束排序。

例如对 5 个整数 5,4,3,2,1 由小到大进行排序的过程。

原顺序：	5	4	3	2	1
第一轮：	4	3	2	1	5
第二轮：	3	2	1	4	5
第三轮：	2	1	3	4	5
第四轮：	1	2	3	4	5

共需要(5－1)＝4轮完成数据的排序。

程序代码：

```c
#include <stdio.h>
void main()
{   int N,n,k,t,c,s,a[10];
    c=0;s=0;
    printf("How many numbers is sorted?(less equal than 10)\n");
    scanf(" %d",&N);
    printf("please input the %d numbers: \n",N);
    for(k=0; k<N; k++)
        scanf (" %d", &a[k]);
    for(n=1; n<=(N-1); n++)
    for(k=0; k<=(N-1)-n; k++)
    {   c++;
        if(a[k]>a[k+1]) {t=a[k]; a[k]=a[k+1]; a[k+1]=t;s++;}
    }
    printf("compared %d times;swaped %d times\n",c,s);
    printf("the sorted numbers: \n");
    for(k=0; k<N; k++)
        printf(" %4d", a[k]);
}
```

程序运行情况：

```
How many numbers is sorted? (less equal than 10)
5
please input the 5 numbers
5 4 3 2 1↙
compared 10 times;swaped 10 times
The sorted numbers:
1 2 3 4 5
```

在以上两个例子的程序代码中，要弄清实现排序的循环嵌套，外循环控制排序的轮次，如果 n 个数参加排序，则外循环要被执行 $n-1$ 次。内循环实现数的交换，而且随着外循环的进程，内循环被执行的次数越来越少。从两个算法的执行效率来看，交换次数和比较次数相同，即交换算法和冒泡算法的效率相当。

【例 4-5】 输入 10 个数存入数组 a 中，逆序存放后再输出数组元素。

程序分析：可以有两种算法实现。第一种算法假设输入 10 个数存入数组 a 中，只要将数组 a 中的元素 $a[0]$ 与 $a[9]$ 互换，$a[1]$ 与 $a[8]$ 互换，…，$a[4]$ 与 $a[5]$ 交换即可。

程序代码：

```c
#include <stdio.h>
void main()
{   int k,t,a[10];
    printf("input 10 numbers \n");
    for(k = 0;k < 10;k++)
        scanf(" %d", &a[k]);
    for(k = 0;k <= 4;k++)
    {   t = a[k];
        a[k] = a[9 - k];
        a[9 - k] = t;
    }
    printf("the result numbers: \n");
    for(k = 0; k < 10; k++)
        printf(" %4d",a[k]);
}
```

程序运行情况：

input 10 numbers:
1 2 3 4 5 6 7 8 9 10 ↙
the result numbers:
  10   9   8   7   6   5   4   3   2   1

第二种算法是定义一个临时数组 b，假设输入 10 个数存入数组 a 中，把 a 的第一元素个值赋给 b 的最后一个元素，把 a 的第二个元素值赋给 b 的倒数第二个元素，以此类推，输出数组 b 即可。

程序代码：

```c
#include <stdio.h>
void main()
{   int k,t,a[10],b[10];
    printf("input 10 numbers \n");
    for(k = 0;k < 10;k++)
      scanf(" %d", &a[k]);
    for(k = 0;k < 10;k++)
      b[10 - 1 - k] = a[k];
    printf("the result numbers: \n");
    for(k = 0; k < 10; k++)
      printf(" %4d",b[k]);
}
```

程序运行情况：

input 10 numbers:
1 2 3 4 5 6 7 8 9 10 ↙
the result numbers:
  10   9   8   7   6   5   4   3   2   1

由于数组地址是常量,不可把数组 a 和 b 的地址交换赋值。比较两种算法,可以看出第二种算法占有的内存空间多,但执行时间要少于第一种算法。这种用空间换时间的算法思想在程序设计中会经常用到。实际上,好的算法就是在资源(运算速度和内存空间)有限的情况下,如何保证效率最大化。

【例 4-6】 输入 10 个整数存入数组 a 中,然后将第一个到第 $m(m>0$ 且 $m<10)$ 个元素移动到数组后面再输出数组元素。

程序分析:假设输入 10 个整数存入数组 a 中,只要将下面的操作重复进行 m 次即可。将数组 a 中第一个元素 $a[0]$ 保存到变量 x 中,然后将元素 $a[1]$ 到元素 $a[9]$,依次前移,再把变量 x 中的数存入 $a[9]$ 中。

程序代码:

```c
# include < stdio.h >
void main()
{   int m,k,n,x,a[10];
    printf("Input 10 numbers \n");
    for(k = 0;k < 10;k++)
        scanf(" %d",&a[k]);
    printf("\n Input m(less than 10)?\n");
    scanf(" %d",&m);
    for(n = 1; n <= m; n++)
    {   x = a[0];
        for (k = 1;k < 10;k++)
            a[k - 1] = a[k];
                a[9] = x;
    }
    printf("The result numbers:\n");
    for(k = 0;k < 10;k++)
        printf (" %4d",a[k]);
    printf ("\n");
}
```

程序运行情况:

```
Input 10 numbers:
1 2 3 4 5 6 7 8 9 10↙
Input m(less than 10)
5↙
The result numbers:
6   7   8   9  10   1   2   3   4   5
```

4.2 二维数组的定义和引用

一维数组只有一个下标来表示数组中的特定元素,而多维数组元素有多个下标,以标识它在数组中的位置,所以也称为多下标变量。本小节只介绍二维数组,多维数组可由二维数组类推得到。数学中的矩阵结构类型的数据可以用二维数组来描述。二维数组本质上是以一维数组作为元素的数组，即"数组的数组"。

4.2.1 二维数组的定义

二维数组的定义形式为

数据类型　数组名[常量表达式1][常量表达式2];

例如：

```
int a[3][3];
```

定义 a 为 3 行 3 列的整型二维数组，该数组有 9 个元素，分别为

```
a[0][0]   a[0][1]   a[0][2]
a[1][0]   a[1][1]   a[1][2]
a[2][0]   a[2][1]   a[2][2]
```

二维数组下标与一维数组类似，第一个元素也是从 0 开始的。在定义二维数组时需要注意以下几点：

① 数据类型、数组名、常量表达式的意义与一维数组相同。

② 定义二维数组时的格式，必须用方括号把表示行、列的常量表达式分别括起来，而不能写成

```
int a[3,4];
```

或

```
int a(3,4);
```

③ 二维数组中元素在内存中是按行的顺序存放的，即在内存中先顺序存放第一行的元素，再存放第二行的元素，以此类推。

例如定义：

```
int a[3][3];
```

则数组 a 的元素在内存中的存储形式为

④ 二维数组可以看成特殊的一维数组，例如：

```
float b[4][5];
```

则可以把数组 b 看成是包含 4 个元素的一维数组，即由 b[0]、b[1]、b[2]、b[3] 组成的一维数组。但这里的 4 个元素 b[0]、b[1]、b[2]、b[3] 又都是包含 5 个元素的一维数组的名字。数组 b 的构成关系可以如图 4-2 所示。

```
b[0]    →    b[0][0]    b[0][1]    b[0][2]    b[0][3]    b[0][4]
b[1]    →    b[1][0]    b[1][1]    b[1][2]    b[1][3]    b[1][4]
b[2]    →    b[2][0]    b[2][1]    b[2][2]    b[2][3]    b[2][4]
b[3]    →    b[3][0]    b[3][1]    b[3][2]    b[3][3]    b[3][4]
```

图 4-2　数组 b 的构成关系

了解了一维数组、二维数组的定义,就可以类推出多维数组的定义。例如:

```
int x[2][3][4];              /*定义了三维数组 x */
float s[2][3][4][5];         /*定义了四维数组 y */
```

在数组 x 中有 $2*3*4=24$ 个元素;而在数组 s 中有 $2*3*4*5=120$ 个元素。

4.2.2　二维数组的初始化

二维数组可以在定义时对指定元素赋初值。

① 按行赋初值。每一行初始化赋值用"{ }"括起来,并用","分开,再在所有行的初始化值外侧加一对"{ }"括起来,例如:

```
int a[3][4] = {{1,2,3,4},{5,6,7,8},{9,10,11,12}};
```

② 二维数组是按行连续存储的,因此可以用一维数组初始化的办法来初始化二维数组,例如:

```
int a[2][2] = {1, 2, 3, 4};
```

其结果是 1,2 分别赋给第一行的元素,3,4 分别赋给第二行的元素。

③ 可以对数组部分元素赋初值,例如:

```
int a[3][4] = {{1,2},{0},{0,10}};
```

其作用是使 $a[0][0]=1,a[0][1]=2,a[2][1]=10$,数组的其他元素都为 0。

④ 如果对数组的全部元素都赋初值,则定义数组时可以不指定数组的第一维长度,但第二维长度不能省略,例如:

若有定义:

```
int a[2][4] = {1,2,3,4,5,6,7,8};
```

此定义也可以写成:

```
int a[ ][4] = {1,2,3,4,5,6,7,8};
```

若定义:

```
int a[][4] = {1,2,3,4,5,6,7,8,9};
```

也是正确的。二维数组的存储是按行自左至右的顺序存储的。由于每行有 4 个元素,要 3 行才能存储下 9 个整数,C 语言编译系统缺省定义数组 a 为 3 行。第 3 行的第一个元素赋值为 9,其他 3 个元素自动赋予初值 0。

但不可以有以下定义:

```
int a[3][] = {1,2,3,4,5,6,7,8,9};
```

因为 C 语言编译系统规定第二维长度不能省略。

4.2.3 二维数组元素的引用

不论是一维数组还是二维数组,都不能对其进行整体引用,只能对具体元素进行引用。与一维数组元素引用类似,二维数组元素引用方式为

数组名[下标1][下标2]

其中下标可以是整型常量、整型变量或整型表达式。习惯上下标1称为行标,下标2称为列标。下标从 0 开始变化,其值分别小于数组定义中的[常量表达式1]与[常量表达式2]。

如果在引用二维数组时,不给出下标 2,而只给出下标 1,如定义二维数组 $x[2][2]$,引用形式为 $x[1]$,则返回结果为该数组第二行第一个元素的存储地址。

在对二维数组各元素进行引用时,一般要通过双循环来实现,如

```
int a[4][4],r,c,s = 0;
```

通过以下双循环实现对二维数组 a 的各元素进行赋值:

```
for(r = 0;r < 4;r++)
    for(c = 0;c < 4;c++)
        a[r][c] = r + c + 1;
```

其结果二维数组 a 各元素的值为

```
1 2 3 4
2 3 4 5
3 4 5 6
4 5 6 7
```

另外,有时只对二维数组中的一部分元素进行引用,这时应注意对所引用元素的下标的正确表示。

如对主对角线上的元素进行求和:

```
for(c = 0;c < 4;c++)
    s = s + a[c][c];          /* 主对角线上元素下标的特点是行标与列标相等 */
```

计算结果为 16。

对主对角线及下方元素进行求和:

```
for(r = 0;r < 4;r++)
    for(c = 0;c < = r;c++)    /* 主对角线及下方元素下标的特点是列标小于行标 */
        s = s + a[r][c];
```

计算结果为 40。

4.2.4 二维数组元素应用举例

【例 4-7】 将数组 a（3×3 矩阵）行列转置后保存到另一数组 b 中。例如:

$$a = \begin{bmatrix} 1 & 2 & 3 \\ 4 & 5 & 6 \\ 7 & 8 & 9 \end{bmatrix} \quad b = \begin{bmatrix} 1 & 4 & 7 \\ 2 & 5 & 8 \\ 3 & 6 & 9 \end{bmatrix}$$

程序分析：数组 a 转置后保存到数组 b 中，就是将数组 a 的第 $i(0 \leqslant i \leqslant 2)$ 行元素作为数组 b 的第 i 列元素，只要将数组中的元素执行如下赋值语句即可：b[j][i]＝a[i][j]。

程序代码：

```
# include < stdio.h >
void main()
{    int a[3][3] = {{1,2,3},{4,5,6},{7,8,9}},b[3][3],i,j;
     printf("array a: \n");
     for(i = 0;i <= 2;i++)              /*输出 a 中元素 a[i][j],依次存到 b[j][i]中*/
     {   for(j = 0;j <= 2;j++)
         {   printf(" %5d",a[i][j]);
             b[j][i] = a[i][j];
         }
         printf("\n");
     }
     printf("array b: \n");
     for(i = 0; i <= 2; i++)
     {   for(j = 0; j <= 2; j++)
             printf(" %5d",b[i][j]);
         printf("\n");
     }
}
```

程序运行结果：

```
array a:
     1    2    3
     4    5    6
     7    8    9
array b:
     1    4    7
     2    5    8
     3    6    9
```

【例 4-8】 有一个 3×4 的矩阵，求出其中最大值以及它所在位置。

程序分析：

① 定义数组 a[3][4]并赋初值，同时定义变量 max、row、col，分别用于存储最大值及它所在位置(下标)。

② 对变量 max、row、col 赋初值：max＝a[0][0]，row＝0，col＝0。

③ 逐行、列将数组 a 中元素 a[i][j]与 max 比较，如 a[i][j]大于 max 则做以下赋值：max＝a[i][j]; row＝i; col＝j；即可。

③ 输出 max,row,col。

程序代码:

```c
#include <stdio.h>
#include <stdlib.h>
#include <time.h>
void main()
{   int a[3][4],i,j,max,row,col;
    max = a[0][0]; row = col = 0;
    srand(time(NULL));
    for(i = 0;i <= 2;i++)
    {   for(j = 0;j <= 3;j++)
        {   a[i][j] = rand() % 100 + 1;
            printf(" %d",a[i][j]);
        }
        printf("\n");
    }
    for(i = 0;i <= 2;i++)
    for(j = 0;j <= 3;j++)
    if(a[i][j] > max)
    {   max = a[i][j];
        row = i;
        col = j;
    }
    printf ("max = %d,row = %d,col = %d\n",max,row,col);
}
```

程序的输出结果：

```
 53  59  30  55
 12  94  13  95
 32  70  51  31
max = 95,row = 1,col = 3
```

在例 4-8 中通过 rand() 函数对矩阵随机赋值 1～100 的整数,并打印出了矩阵数值。其中 srand() 函数用来生成随机数的种子,该值运行时间相关,这样可保证每次运行时生成的随机数是不同的。

【例 4-9】 某班有 10 名学生,每名学生有 5 门课的成绩,分别求出每门课的平均成绩。

程序分析：

① 定义数组 score[10][5] 及数组 $v[5]$,二维数组 score 用来存储 10 名学生的成绩,每一行表示某名同学的 5 门课成绩,$v[5]$ 用来存储 5 门课的平均成绩。

② 通过随机数模拟生成 10 名学生的 5 门课的成绩存入数组 score 中,假设学生成绩介于 1～100。

③ 逐列对数组 score 求和、求平均值存入数组 v 中。

④ 输出数组 v 中元素。

程序代码:

```c
#include <stdio.h>
#include <stdlib.h>
#include <time.h>
void main()
{   float score[10][5],v[5] = {0};
    int m,n;
    srand(time(NULL));
    printf("the 10 students score:\n");
    for(m = 0;m < 10;m++)
    {   for(n = 0;n < 5;n++)
        {   score[m][n] = rand() % 100 + 1;
            printf(" %6.1f",score[m][n]);
        }
        printf("\n");
    }
    for(m = 0;m < 5;m++)
    {   for(n = 0;n < 10;n++)
        v[m] += score[n][m];
      v[m]/ = 10;
    }
    printf("average of scores: \n");
    for(m = 0;m < 5;m++)
        printf(" %d: %6.2f\n",m + 1,v[m]);
}
```

程序执行结果如下:

```
the 10 students score:
    3.0   18.0   34.0   99.0   41.0
   26.0    2.0   54.0    2.0   82.0
   63.0   84.0   59.0   14.0   18.0
   88.0   46.0   76.0   83.0   39.0
   89.0   11.0   54.0   48.0    8.0
   88.0  100.0   87.0   74.0   32.0
   39.0   64.0   92.0   98.0   91.0
   15.0   40.0   74.0   70.0   19.0
    3.0   51.0   91.0   92.0   61.0
   80.0   59.0   33.0    6.0   29.0
average of scores:
 1:   49.40
 2:   47.50
 3:   65.40
 4:   58.60
 5:   42.00
```

【例 4-10】 将二维数组 a[3][4]中元素按列依次存入一维数组 b 中。假设二维数组 a[3][4]定义为 int a[3][4]={{1,2,3,4},{2,3,4,5},{3,4,5,6}}。

程序分析:将数组 a 的元素逐列依次存入数组 b 中。

程序代码：

```c
#include <stdio.h>
void main()
{    int a[3][4] = {{1,2,3,4},{2,3,4,5},{3,4,5,6}},b[12], m,n,k = 0;
     printf("the new one dimension data group b = :\n");
     for(m = 0;m < 4;m++)
         for(n = 0;n < 3;n++)
         {   b[k] = a[n][m];
             printf (" %4d",b[k++]);
         }
}
```

程序运行结果：

the new one dimension data group b = :
1 2 3 2 3 4 3 4 5 4 5 6

4.3 字符数组的定义和引用

前面介绍的一维数组和二维数组一般以整型数值为例，C语言也有字符类型的数据。数据类型为字符的数组定义为字符数组，是用于存放多个字符数据或字符串的，它的每一个元素存放一个字符型数据，在内存中占一个字节。一般地，一维字符数组用于存储一个字符串，而二维字符数组用于存储多个字符串。在计算机应用中，信息的输入输出以及字符处理在程序具有重要作用，C语言中定义了较多的字符型数组的函数，本节重点介绍字符型数组的使用。

4.3.1 字符数组的定义

字符数组的定义形式：

char 数组名[常量表达式];
char 数组名[常量表达式1][常量表达式2];

例如：

char str1[8];
char str2[8][8];

str1 为一维字符数组，该数组包含 8 个元素，最多可以存放 8 个字符型数据，占用 8 个字节的内存空间。str2 为二维字符数组，该数组有 8 行，每行 8 列，该数组最多可以存放 64 个字符型数据，占用 64 个字节的内存空间。

4.3.2 字符数组的初始化

字符数组的初始化的过程中经常要用到 ASCII 码，这里做一简单介绍，ASCII 是

American Standard Code for Information Interchange 的缩写,ASCII 码是基于拉丁字母的一套电脑编码系统。它主要用于显示现代英语和其他西欧语言。它是现今最通用的单字节编码系统,并等同于国际标准 ISO/IEC 646。ASCII 码使用指定的 7 位或 8 位二进制数组合来表示 128 或 256 种可能的字符。标准 ASCII 码也叫基础 ASCII 码,使用 7 位二进制数来表示所有的大写和小写字母、数字 0 到 9、标点符号,以及在美式英语中使用的特殊控制字符。部分 ASCII 码如表 4-1 所示。

表 4-1 部分 ASCII 码对应关系

内存中十进制数值	字符	内存中十进制数值	字符	内存中十进制数值	字符
48	0	65	A	97	a
49	1	66	B	98	b
50	2	67	C	99	c
51	3	68	D	100	d
52	4	69	E	101	e
53	5	70	F	102	f

字符数组的初始化方式与其他类型数组的初始化方式类似。
① 逐个元素赋初值,例如:

char s[5] = {'C','h','i','n','a'};

② 如果初值的个数多于数组元素的个数,编译的时候会出现语法错误。
③ 如果初值的个数少于数组元素的个数,则 C 编译系统自动将未赋初值的元素定义为空字符(即 ASCII 码值为 0 的字符:'\0')。
例如:

char t[10] = {'C','h','i' = ,'n','a'};

则数组 t 中元素的初值为

| C | h | i | n | a | \0 | \0 | \0 | \0 | \0 |

在对字符型数组赋值的过程中,一定要注意区分字符 0、空字符与空格,字符 0 在内存中的数值为十进制的 48,空字符在内存中的数值为十进制的 0,空格在内存中的数值为十进制的 32。
④ 如果省略数组的长度,则系统会自动根据初值的个数来确定数组的长度,例如:

char c[ ] = { 'H','o','w',' ','a','r','e',' ','y','o','u','?'};

数组 c 的长度自动设定为 12。
⑤ 二维字符数组初始化的方法与二维数组类似。例如:

char cc[3][3] = { {'H','o','w'}, {'a','r','e',},{'y','o','u',}};

二维字符数组 cc 按照矩阵表示形式如下:

4.3.3 字符数组的引用

字符数组元素的引用方法与前面介绍的一维、二维数组元素引用方法相同。在使用过程中注意不要混淆数据类型,尤其是在比较和赋值操作过程中,字符型常量一定要加上单引号' '以作区别,相关示例如下:

【例 4-11】 输出一个字符串,遇到空字符时结束。

程序分析:先定义一个字符数组并把字符串中的每个字符通过赋初值存入字符数组中,然后逐个输出数组中的元素,直到空字符结束输出。

程序代码:

```
#include <stdio.h>
void main()
{   char c[20] = {'I',' ','a','m',' ','h','a','p','p','y','!'};
    int k,i = 0;
    for(k = 0;k < 20;k++)
    {   if (c[k] != '\0')
            printf("%c",c[k]);              /* 逐个输出数组中的元素 */
        else
            break;
        i++;
    }
    printf("\noutput %d characters\n",i);
}
```

程序运行结果:

I am happy!
output 11 characters

【例 4-12】 输出钻石图形。

程序分析:在早期的基于字符界面程序设计中经常要输出特定的图形,目前大多数程序都是基于 Windows 窗口图形化界面的,只有在特殊行业的前台终端还在沿用基于字符界面的应用。本实例先通过在二维字符型数组中定义好字符位置来输出简单图形。

程序代码:

```
#include <stdio.h>
void main()
{   char c[5][5] = {{' ',' ','*'},{' ','*','*','*'}, {'*','*','*','*','*'},{' ','*',
    '*','*'},{' ',' ','*'}};
    int i,j;
```

```
    for(i=0;i<5;i++)
    {   for(j=0;j<5;j++)
            printf("%c",c[i][j]);
        printf("\n");
    }
}
```

程序运行结果：

```
  *
 ***
*****
 ***
  *
```

也可以通过数学计算的方式输出相应的字符图形。

程序代码：

```
#include <stdio.h>
void main()
{   int i,j,k;
    for(i=0;i<=3;i++)
    {   for(j=0;j<=2-i;j++)
        printf(" ");
        for(k=0;k<=2*i;k++)
            printf("*");
        printf("\n");
    }
    for(i=0;i<=2;i++)
    {   for(j=0;j<=i;j++)
            printf(" ");
        for(k=0;k<=4-2*i;k++)
            printf("*");
        printf("\n");
    }
}
```

程序运行结果如下：

```
   *
  ***
 *****
*******
 *****
  ***
   *
```

上述两个字符型数组的例子是通过对字符数组元素的逐个引用，来完成特定目的的应用。在很多应用中要大量使用字符型数组的输入输出及相关处理等操作，为了方便用户的使用，C 语言库函数中定义了专门用于字符串处理的函数，用于解决字符串的输入输出及运算问题。

4.3.4 字符串与字符数组

字符串是 C 语言中的一种特殊的数据表示形式，它是由若干个有效字符组成的且以空字符"\0"为结束标志的一个字符型序列。

C 语言中没有字符串数据类型，但可以定义字符串常量。字符串常量是用双引号括起来的若干个字符，例如："abcd"，"123"都是字符串。系统在处理字符串时，在其末尾自动添加一个空字符"\0"作为结束符，一般称空字符"\0"为字符串结束标志。空字符"\0"对应的 ASCII 码在内存中为十进制数值 0，是不可以显示的字符，是一个"空操作字符"，即它不引起任何控制动作。在 C 语言中，对字符串进行处理时遇到"\0"，则表示字符串结束，即"\0"前面的字符组成的字符序列才是有效的，为系统处理的对象。

【例 4-13】 定义字符型常量。

程序代码：

```
# include < stdio.h >
# define str1 "I am happy"
void main()
{
    printf("%s",str1);
}
```

输出结果为：

I am happy

在程序中通过"%s"指定字符串形式打印输出。

C 语言中字符串是通过字符数组来存储的。一维字符数组可存放一个字符串，二维字符数组可用于存放多个字符串。

在存储字符串时，虽然字符串结束标志"\0"占用一个字节的存储单元，但是它不计入字符串的实际长度。每个字符串在内存中都占用连续的存储空间，而且这段连续的存储空间有唯一确定的首地址。如果它只是一个字符串常量，那么这个字符串常量本身代表的就是该字符串在内存中所占连续存储空间的首地址，是一个地址常量；如果将字符串赋值给一个一维字符数组，那么这个一维字符数组的名字就代表这个首地址。

前面曾用下面的方法对字符数组赋值：

char s[15] = {'I', ' ', 'a', 'm', ' ', 'h', 'a', 'p', 'p', 'y'};

这样处理虽然将字符串"I am happy"保存到字符型数组 s 中了，但赋值的时候比较麻烦，实际应用中是将字符串作为一个整体来处理的，即允许用字符串来直接初始化字符数组，例如：

char s[15] = {"I am happy"};

数组 s 有 15 个元素,余下的元素系统也补上字符串结束标志"\0",其存储形式如图 4-3 所示。

图 4-3　一维字符数组存储字符串示意图

对字符数组初始化可以省略大括号而直接用字符串来赋值,如

　　char c[ ] = "I am happy";

也可以将多个字符串存入二维字符数组中,如

　　char st[3][15] = { "ABCDEF", "123456789", "abc6789"};

其存储形式如图 4-4 所示。

A	B	C	D	E	F	\0	\0	\0	\0	\0	\0	\0	\0	\0
1	2	3	4	5	6	7	8	9	\0	\0	\0	\0	\0	\0
a	b	c	6	7	8	9	\0	\0	\0	\0	\0	\0	\0	\0

图 4-4　二维字符数组存储字符串示意图

有以下几点说明:

① 字符串结束标志"\0"用于判断字符串是否结束,输出字符串时不会输出。

② 字符串长度是指字符串所含的字符个数,字符型数组的长度是指数组在内存中占用的字节个数。虽然字符串结束标志"\0"占用一个字节内存空间,但不计入字符串的有效字符,例如:

　　char s[ ] = "china";

数组 s 的长度为 6,而不是 5。字符串 s 的长度是 5。

③ 用字符串来初始化字符数组时提供的字符个数至少比数组长度少 1,否则系统提示错误,例如:

　　char s[5] = "china";

是错误的。而以下定义:

　　char str[ ] = {'c','h','i','n','a'};

是正确的,数组 str 的长度为 5,请注意前后的不同。但不能将 str 当作字符串使用,原因是数组 str 的字符序列没有"\0"。

4.3.5　字符数组的输入与输出

C语言系统提供了多种格式符和函数用于字符型数组和字符串的输入输出处理,下面逐一说明。

(1) 用格式符"%c"将字符数组元素逐个输入与输出。

用格式符"%c"逐个输入、输出字符数组元素,如语句:

scanf("%c",&st[i]);

表示用户通过键盘输入一个字符存入数组 st 的第 *i* 个元素中,在使用的时候一定要注意在字符行数组 st 前加上地址符号 &,相关程序示例如下:

【例 4-14】 从键盘读入一串字符,将其中的大写字母转换成小写字母后输出。

程序分析:通过表 4-1 可知,大写字母比它对应的小写字母的 ASCII 码值小 32,在 C 语言中允许字符数据与整数直接进行算术运算,这样就可以对大写字符进行数值计算,即"A"+32 就可得到小写字符数据"a"。

程序代码:

```
#include <stdio.h>
void main()
{   char str[20];
    int i = 0;
    printf("please input less than 20 characters\n");
    for(i = 0;i < 20;i++)
    {   scanf("%c",&str[i]);
        if (str[i] == '\n')
            break;                  /* 以 Enter 键结束输入 */
        else
            if(str[i]>= 'A'&&str[i]<= 'Z') str[i] += 32;
    }
    str[i] = '\0';
    for(i = 0;str[i]!= '\0';i++)
        printf("%c",str[i]);
    printf ("\n");
}
```

程序运行结果如下:

```
please input less than 20 characters
ChinA1
china1
```

注意在程序中只是对字母进行了转换处理,而对于数字没有进行转换。

(2) 用格式符"%s"对字符数组进行输入或输出。

用格式符"%c"一次只能读取一个字符,为了方便多个字符的一次性输入,可以用格式符"%s",也可对存储在字符数组中的字符串进行整体输出,如

```
char str[100];
scanf("%s",str);            /* 输入一个字符串存入数组 str */
printf("%s",str);           /* 输出存储在数组 str 中的字符串 */
```

在使用上述语句的时候要注意通过键盘输入的字符串长度要小于数组 str 的长度,否则在执行的时候系统会报内存写入错误。同理在使用"%s"格式符打印输出 str 时,如果 str 没有赋值字符串常量,即没有空字符作为结束,输出时除了打印整个字符型数组的内容外,还有可能输出不确定字符,有以下代码:

```
char str[2] = {'1','2'};
printf("%s",str);
```

输出结果为

```
12烫?
```

而程序代码：

```
char str[3] = {'1','2'};
printf("%s",str);
```

输出结果为

```
12
```

所以在使用字符串格式符的时候要注意前后一致。应用格式符"%s"可以将例 4-14 进化简化，即用 scanf("%s",str)语句代替字符输入的 for 循环。

在实际应用中经常会遇到对字符数组中的字符串进行逐个字符处理的问题，应理解并掌握相应的循环控制，即在循环 for (i=0;str[i]!= '\0';i++)中的判定表达式 str[i]!='\0'，其功能是从字符数组中的第一个字符开始，逐个验证其是否为字符结束标志"\0"，是就结束循环。实际上循环 for (i=0;str[i]!="\0";i++)可以写成：for (i=0;str[i];i++)，原因是当前字符为字符结束标志"\0"时，for 循环的判断条件 str[i]的值为逻辑 False，循环结束。

在使用格式符"%s"时要注意以下问题：

① 用"%s"格式符输入字符串时，scanf 函数中的地址项是数组名，不要在数组名前加地址运算符"&"，因为数组名本身就是地址。

② 用"%s"格式符输出字符串时，printf 函数中的输出项是字符数组名，而不是数组元素。如果写成下面的形式是错误的：

```
printf ("%s", str[0]);
```

③ 以 scanf ("%s",数组名);形式读入字符串时，遇空格或回车都表示字符串结束，系统只是将空格或回车前的字符置于数组中，例如，有以下语句：

```
char str[20];
scanf ("%s", str);
printf("%s",str);
printf("%c",str[2]);
```

程序运行结果为：

```
123 456 ↙
1233
```

(3) 用字符串函数 gets()与 puts()实现字符数组的输入和输出。

① 字符串输入函数：

```
gets()
```

格式：

gets(字符数组名)

功能：从键盘输入一个字符串到字符数组。该函数可以输入空格，遇回车结束输入。
例如有下面的程序段：

```
char s[10];
gets(s);
printf("%s",str);
```

运行时输入：

123 456↙

输出结果：

123 456

在使用 gets() 函数时要注意与 scanf() 函数的区别，scanf() 函数不可以输入空格。
② 字符串输出函数：

puts()

格式：

puts(字符数组名)

功能：将一个字符串输出到终端，字符串中可以包含转义字符。
例如：

```
char s[] = "123\n456";
puts(s);
```

输出结果是：

123
456

注意：puts 函数输出完字符串后自动产生换行，与 printf() 函数相比，puts 更方便了字符串的输出操作。

字符输入输出函数除了上面介绍的 gets() 和 puts() 之外，还有 getchar() 和 putchar() 函数，使用方法与前者类似，不同的是后者仅仅是对单个字符的操作。

4.3.6 字符串处理函数

为了方便地实现对字符串的处理，在 C 系统的库函数中提供了一些字符串函数，如字符串的连接、拷贝、比较、计算字符串长度等。使用这些函数时要包含头文件 string.h，即增加以下包含语句：

```
#include <string.h>
```

1. 字符串连接函数 strcat()

格式:

strcat(字符数组1,字符数组2)

功能:将字符数组2中的字符串连接到字符数组1中的字符串后面,结果放在字符数组1中。

例如有以下程序段:

```
char s1[14] = "123",s2[] = "456";
strcat(s1, s2);
printf("%s", s1);
```

输出结果:

123456

说明:使用 strcat 函数时,字符数组1应足够大,以便能容纳连接后的新字符串,否则程序执行的时候系统会报错。

2. 字符串复制函数 strcpy()和 strncpy()

格式:

strcpy(字符数组1,字符数组2)

功能:将字符数组2中的字符串拷贝到字符数组1中。
例如有下面的程序段:

```
char s1[8],s2[] = "abcde";
strcpy(s1,s2);
puts(s1);
```

程序段的输出结果是:

abcde

说明:
① 字符数组1的长度应不小于字符数组2的长度,以便容纳被复制的字符串。
② 字符数组1必须写成数组变量的形式,字符数组2可以是一个字符串常量,例如:

```
char s1[8];
strcpy(s1,"abcde");
```

③ 执行 strcpy 函数后,字符数组1中原来的所有字符内容都将被字符数组2的内容(或字符串)所代替。
④ 不能用赋值语句将一个字符串常量或字符数组直接赋给另一个字符数组。下面的用法是错误的:

s1 = s2;

在进行字符串的整体赋值时,只能使用 strcpy 函数。

⑤ 函数 strncpy 的使用格式与 strcpy 函数相同。功能是将字符数组 2 中的前 n 个字符元素复制到字符数组 1 中去,例如:

```
char str1[20] = "123456",str2[20] = "123456789";
strncpy(str1,str2,9);
```

执行结果是将 str2 最前面 9 个字符复制到字符数组 str1 中。但复制的字符个数 n 不应超过 str1 字符数组长度。

执行后输出字符数组 str1:

```
printf("%s\n",str1);
```

其结果为:

```
123456789
```

3. 字符串比较函数 strcmp()

格式:

```
strcmp(字符串1,字符串2)
```

功能:比较两个字符串的大小,比较的结果由函数值返回,其规则为:
① 如果字符串 1 等于字符串 2,函数值为 0。
② 如果字符串 1 的 ASCII 码值大于字符串 2,函数值为一个正整数。
③ 如果字符串 1 的 ASCII 码值小于字符串 2,函数值为一个负整数。

例如:

```
char s1[10] = "abcde", s2[10] = "ABCDEf";
strcmp(s1, s2);
```

函数值为一个负整数,说明字符串 s1 小于字符串 s2。

```
strcmp("China","Beijing");
```

函数值为一个正整数,说明字符串"abcde"大于字符串"ABCDEf"。

两个字符串比较时,自左至右逐个字符相比较(按 ASCII 码值大小比较),直到出现不同的字符或遇到"\0"为止。如全部字符相同,则认为两字符串相等;若出现不相同的字符,则以第一个不相同的字符的比较结果为准。

值得注意的是:比较两个字符串时,不能用关系运算符:">"、">="、"<"、"<="、"=="、"!="来进行,例如:判定两个字符串是否相等时,以下形式

```
if(s1 == s2)
```

是错误的,而只能用

```
if(strcmp(s1, s2) == 0)
```

4. 字符串长度计算函数 strlen( )

格式：

strlen(字符数组名)

功能：测试字符数组的长度。

函数返回值为字符数组中第一个"\0"前的字符的个数(不包括"\0")。

例如：

```
char s[10] = "123456";
printf("%d", strlen(s));
```

输出结果：

6

5. 字符串小写转换函数：strlwr( )

格式：

strlwr(字符数组名)

功能：将字符串中的大写字母转换成小写字母。

例如：

```
char st[20] = "ABC123";
strlwr(st);
printf("%s",st);
```

输出结果：

abc123

6. 字符串大写转换函数：strupr( )

格式：

strupr(字符数组名)

功能：将字符串中的小写字母转换成大写字母。

例如：

```
char st[20] = "abc123";
strupr(st);
printf("%s", st);
```

输出结果：

ABC123

4.3.7 字符数组应用举例

【例 4-15】 不使用 strcat 函数实现两个字符串的连接。

程序分析：

① 定义两个字符数组 s1、s2 并输入两个字符串存入其中。

② 判断 s1 的长度是否不小于 s1 和 s2 的长度总和，如果不满足，则提示错误并退出程序。

③ 如果满足则将 s2 中的字符依次赋值到 s1 中的字符后面，并在 s1 中的有效字符后加上结束标志 '\0'。

④ 输出字符数组 s1。

程序代码：

```c
#include <stdio.h>
#include <string.h>
void main()
{   char s1[10], s2[5];
    int i,j;
    gets(s1);
    gets(s2);
    if ( (sizeof(s1) - 1) < (strlen(s1) + strlen(s2)) )
    {   printf("the length of string1 is not enough");
        return ;
    }
    else
    {
        for (i = 0;s1[i]!= '\0';i++)
        { ; }
        for (j = 0;s2[j]!= '\0';i++,j++)
            s1[i] = s2[j];              /* 将 s2 中的字符依次接到 s1 中的字符串后面 */
        s1[i] = '\0';                   /* 在 s1 中的有效字符后加上结束标志'\0' */
        puts(s1);
    }
}
```

程序运行情况：

123456✓
789✓
123456789

再次运行：

1234567✓
789✓
the length of string1 is not enough

程序说明：

① 通过 sizeof 语句计算字符数组 s1 的长度，因为 s1 中存储的是字符串，所以要保留一个字符元素用来赋值空字符。strlen 函数用来计算字符串的长度，注意字符串的长度与字符数组的长度的不同。

② 循环语句 for(i=0;s1[i]!='\0';i++){;}的作用是找到 s1 中字符串的结束位置，因为把 s2 中的字符串连接到 s1 中字符串是首尾相连的，所以要找到 s1 中字符串的结束位置。该语句执行完，i 的值就是连接 s2 第一个字符的位置。

③ 语句 s1[i]='\0';这是不可缺少的。因为将 s2 中字符串连接到 s1 中的字符串以后，必须加上结束标志'\0=,s1 中的字符串才是确定的。

【例 4-16】 输入 5 个字符串，找出字符串中的最大值并输出。

程序分析：找若干个字符串中的最大值或最小值，如同求若干个数中的最大值或最小值（见例 4-8），其算法相同，但要注意的是字符数组之间的赋值与比较必须用字符串函数。

程序代码：

```c
#include <string.h>
#include <stdio.h>
void main()
{   char str[5][20], max[20];
    int i;
    for (i = 0;i < 5;i++)           /* 输入 5 个字符串存入字符数组 str 中 */
        gets(str[i]);
    strcpy (max,str[0]);            /* 将 str 中的第一个字符串存入字符数组 max 中 */
    for(i = 1;i < 5;i++)
        if(strcmp(str[i],max)> 0) strcpy (max,str[i]);
    printf ("The largest string is : %s\n",max);
}
```

程序运行情况：

```
123456
stuvw
abc
ABC
789stuvw
The largest string is : stuvw
```

注意，在字符串比较的时候，最大值是指字符串中第一个不同的字符的 ASCII 码值的最大值。

【例 4-17】 统计在字符串 str 中 26 个英文字母(不区分大小写)出现的次数。

程序分析：

① 定义字符数组 str 和含 26 个元素的整型数组 a(用于存 26 个英文字母各自出现的次数)。

② 通过键盘输入字符串并存入 str。

③ 找出字符数组 str 中的字母并计数。对字符数组 str 的元素做以下处理：英文小写

字母的 ASCII 码值介于 97 和 122 之间，英文大写字母的 ASCII 码值介于 65 和 90 之间，只要字符数组 str 的元素 ASCII 码值介于这两个数值范围之内，对应的字母计数值加 1。

④ 输出数组 a。

程序代码：

```c
#include <string.h>
#include <stdio.h>
void main()
{   char str[100];
    int a[26] = {0},k,n;
    gets(str);
    for(k = 0;str[k];k++)
       {  if(str[k]>= 'a'&& str[k]<= 'z')
             {n = str[k] - 97; a[n] += 1;}
                   /* 将出现的小写字母计入数组元素 a[n]中 */
          else if(str[k]>= 'A'&& str[k]<= 'Z')
             {n = str[k] - 65; a[n] += 1;}
                   /* 将出现的大写字母计入数组元素 a[n]中 */
       }
    for(k = 0;k<26;k++)
       if(a[k]>0) printf("%c : %d \n",65+k,a[k]);
    printf("\n");
}
```

程序运行情况：

123abcABC↙
A or a: 2
B or b: 2
C or c: 2

【例 4-18】 把字符串 str 中下标不为奇数的字符删除，剩余的字符形成一个新字符串存入字符数组 sub 中。

程序分析：

① 定义字符数组 str 和 sub，并输入字符串存入 str。

② 对字符数组 str 中的所有元素做以下处理：下标不为奇数的字符不写入数组 sub 中。

③ 对字符数组 sub 加结束标志"\0"，再输出。

程序代码：

```c
#include <stdio.h>
#include <string.h>
void main()
{   char str[100],sub[100];
    int k,n = 0,m;
    scanf("%s",str);
```

```
    m = strlen(str);
    for(k = 0;k < m;k++)
        if(k % 2 == 0)   continue;
        else   sub[n++] = str[k];
    sub[n] = '\0';
    printf(" % s\n",sub);
}
```

程序运行结果：

```
123456789↙
2468
```

如果程序要求仅将字符串 str 中下标不为奇数的字符删除，则要改变原字符数组中的字符串，其解决方法一般有以下两种。

方法一：用字符串复制函数 strcpy 把 sub 字符串复制到原字符串 str 中，即

```
for(k = 0;k < m;k++)
    if(k % 2 == 0) continue;
    else sub[n++] = str[k];
sub [n] = '\0';
strcpy(str,sub);
```

方法二：直接改写字符数组中的字符串，即把不删除的字符重新组织存到原字符数组中，而要删除的字符不存，即

```
for(k = 0;k < m;k++)
    if(k % 2 == 0) continue;
    else str[n++] = str[k];
str [n] = '\0';
```

【例 4-19】 规定输入的字符串中只包含数字和"∗"号，将字符串中最前面的"∗"全部移到字符串的尾部，并删除非数字字符。

程序分析：

① 定义字符数组 str，并输入字符串存入 str。
② 统计数组 str 中的字符串前面所有连续"∗"的个数，存入变量 n 中。
③ 删除非数字字符。
④ 在数组 str 中的字符串的后面补充 n 个"∗"。
⑤ 输出字符数组 str。

程序代码：

```
# include < stdio. h >
void main()
{   char str[100];
    int i = 0,n = 0,k = 0;
    gets(str);
```

```
            while(str[i] == ' * ')
                {i++;n++;}
            while(str[i])
            {   if ((str[i]>= '0' && str[i]<= '9')  ||  str[i] == ' * ')
                    str[k++] = str[i];
                i++;
            }
            while (n!= 0)
                {str[k] = ' * '; k++; n -- ;}
            str[k] = '\0';
            puts(str);
        }
```

程序运行情况：

***123abc*456*↙
123*456****

程序说明：

① 循环语句：while(str[i]==' * '){i++;n++;}的作用是统计字符串前面所有连续"*"的个数 n，同时记录字符串从前数第一个不是"*"的字符下标。

② 循环语句：while(str[i])的作用是将下标从 i 开始的字符向前移，并覆盖掉非数字字符，直到字符串结束。

③ 循环语句：while (n!=0){str[k]=' * ';k++;n--;}的作用是在已被前移的字符后填补 n 个字符"*"。

【例 4-20】 把字符串中的字母改写成字母表中该字母的上一个字母，字母 a 改写成字母 z。大写字母仍为大写字母，小写字母仍为小写字母，其他的字符不变。

程序分析：

① 定义字符数组 str，并通过键盘输入字符串存入 str。

② 对字符数组 str 中的所有元素做以下处理：如果是非 a 字母则改写成该字母的上一个字母，如果是字母 a 改写成字母 z。

③ 输出字符数组 str。

程序代码：

```
# include < stdio.h >
void main()
{   char str[100]; int k;
    gets(str);
    for(k = 0;str[k];k++)
        {   if((str[k]>'A'&& str [k]<= 'Z')  ||  ( str [k]>'a'&& str [k]<= 'z'))
                str [k] =  str [k] − 1;
            else if(str[k] == 'a') str[k] = 'z';
            else if(str[k] == 'A') str[k] = 'Z';
        }
    puts(str);
}
```

程序运行情况：

abcdefg123ABC ↙
zabcdef123ZAB

通过上述的几个例子可以看出在字符串处理的程序中，充分利用字符对应的 ASCII 码值的规律，方便进行字符的各种转换。

【例 4-21】 统计一个句子中单词的个数。单词之间有若干个空格隔开，短句的开始没有空格。

程序分析：

① 定义字符数组 sentence，定义计数整型变量 num，并赋初值 0（用于统计单词的个数）。

② 输入一英语短句存入 sentence 中。

③ 单词的识别：从字符串的第一个字符开始进行检测，当遇到空格或字符串结束标识时确认为一个单词，计数变量 num 加 1。

④ 输出统计结果。

程序代码：

```
#include <stdio.h>
void main()
{   char sentence[100];
    int k,num = 0,flag = 1;
    gets(sentence);
    for(k = 0; k < 100;k++)
    {   if(sentence[k] != ' ') flag = 0;
        if( (sentence[k] == ' ' && flag == 0) || (sentence[k] == '\0' && k > 0 && flag == 1) )
        {   num++;
            flag = 1;
        }
        if( sentence[k] == '\0') break;
    }
    printf("The number of word is: %d\n",num);
}
```

程序运行情况：

A B CDE ↙

运行结果：

The number of word is: 3

程序说明：

① 在程序中设置一标志位变量 flag，只有当出现一个完整单词时即非空格字符后面有空格的状态下，flag=1；这样可以充分考虑到输入的句子的各种特殊情况，如句子中只有一个单词没有空格、没有输入任何单词或只有空格等。

② 如果仅用以下循环语句：

```
for(k = 0; line[k];k++)
    if(line[k] == ' '&& line[k-1]!= ' ') num++;
```

即用当前字符是空格而前一个字符不为空格来识别一个单词容易，遇到特殊情况就会出现错误。

本章小结

数组是 C 语言程序设计中非常重要的一种数据结构，数组的熟练使用有助于后续指针等内容的学习。本章重点介绍了一维数组的定义、使用，二维数组的定义、使用，通过多个典型数组实例，熟悉了 C 语言中数组的一般程序设计方法。最后介绍了多个与数组、字符串相关的函数，以这些函数为基础可以设计较复杂的字符处理类应用程序。

习题 4

4-1　分别用冒泡法和交换法对随机输入的 10 个整数按从大到小的排序输出。

4-2　随机产生 n 个两位整数，并从小到大排序，然后任意从键盘输入一个两位整数，插入该数组中，要求保持从小到大的排序。

4-3　用二维数组打印输出杨辉三角形（输出前 10 行）。

```
1
1 1
1 2 1
1 3 3 1
1 4 6 4 1
1 5 10 10 5 1
      ⋮
```

4-4　随机产生一个矩阵，用户定义矩阵的大小，然后输入一个数，判断该数是否在矩阵中，如果在矩阵中，给出该数所在的位置，否则给出提示。

4-5　从键盘输入一行字符串，将其中的大写字母转换成小写字母，小写字母转换成大写字母，然后输出。

4-6　通过键盘随机输入两个字符串，判断第一个字符串是否包含第二个字符串。

4-7　输入三个字符串，输出其中最大和最小字符串。

4-8　输入一个 2 行 3 列的矩阵和一个 3 行 2 列的矩阵，计算这两个矩阵的乘积并输出结果。

4-9　输入一段文字，统计其中的单词数量。

4-10　输入一字符串"AD15GH568xy97uv"存入数组 s 中，在所有数字字符（0，1，…，9）前加字符"＄"形成的新字符串存到数组 t 中，输出数组 s 和 t。

第 5 章 函数

随着结构化程序设计方法的广泛应用,模块化设计方法已成为结构化程序设计方法的主流。模块化设计方法的主要思想是:将规模大、复杂的"大问题"分解成若干个功能单一、容易求解的"小问题",通过求解这些小问题而解决原来的大问题。这些小问题称为"功能模块"。

在 C 语言程序设计中,求解这些小问题的"功能模块"是通过函数实现的。本章将介绍如何完成函数的定义、函数的调用等知识。

本章要点
- 函数定义、调用、参数传递及函数返回值;
- 函数的嵌套及递归调用;
- 变量的作用域与存储属性;
- 内部函数和外部函数;
- 带参数的 main 函数。

5.1 模块化程序设计与函数

模块在程序设计中是为完成某一功能所需的一段程序或子程序。

模块化程序设计是在对一定范围内的不同功能或相同功能不同平台的产品进行功能分析的基础上,划分并设计出一系列功能模块,通过模块的选择和组合构成不同客户定制的程序。

5.1.1 模块化程序设计原则

模块化程序的设计原则是模块内高聚合,模块间低耦合。模块内高聚合是指一个模块尽量完成单一的功能;模块间低耦合是指模块间的联系尽可能少。一般地模块化程序设计应遵循以下主要原则。

1. 模块独立性

模块独立性的两个标准是模块内高聚合,模块间低耦合。每个模块完成一个相对独立的子功能,模块之间的关系力求简单。模块之间最好只通过数据传递发生联系,而不发生控制联系。同时,力求模块内使用的数据也独立,即一个模块的私有数据只属于这个模块。

2. 模块规模适当

模块不能太大,但也不能太小。模块太大,模块的功能复杂,程序的可读性就不好。模块太小,模块数量太多,就会增加整个系统的复杂性。所以,进行模块化设计时,要综合考虑,按照自顶向下、逐步求精的思想,将系统功能逐步分解成规模适当的模块。

5.1.2 C语言源程序的结构

C语言是一种支持模块化程序设计的语言。一个C源程序文件由一个或多个函数组成,函数是构成C程序的基本模块。由于采用了函数模块式的结构,C易于实现结构化程序设计,使程序的层次结构清晰,便于程序的编写和调试。图5-1为C语言函数模块调用示意图。

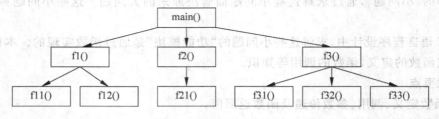

图5-1 函数模块调用示意

在C语言中可以从不同的角度对函数分类。

(1)从函数定义的角度,函数分两类。

① 标准库函数,由系统提供的,C系统为用户提供了极为丰富的库函数,这使C语言的功能很强大。常用的库函数按功能可以分为:字符操作函数、字符串处理函数、标准输入输出函数、数学运算函数、图形函数等。

如果使用库函数,应该在本程序文件开头用#include命令将调用有关库函数时所用到的信息包含到本程序文件中来,如在前几章中已经用到的命令:

    #include <string.h>
    #include <math.h>

其中string.h、math.h是"头文件"。在string.h文件中包含了字符串操作库函数所用到的一些宏定义信息,如果不包含string.h文件中的信息,就无法使用这些函数。同样,使用数学库中的函数,就应该在本文件开头使用命令:#include <math.h>。

② 用户自定义函数,由程序设计者根据专门需要自己定义的,本章主要介绍用户自定义函数。

(2)从主调函数和被调函数之间数据传递的角度,函数分两类:

① 无参函数。在调用函数时,主调函数不向被调用函数传递参数。

② 有参函数。在调用函数时,主调函数和被调用函数之间有参数传递。

特别指出,在C语言中,所有函数都是平行的,即在定义函数时是互相独立的,一个函数并不从属于另一函数,即函数不能嵌套定义。C程序的执行总是从main函数开始的,调用其他函数后流程回到main函数,并在main函数中结束整个程序的运行。函数可以相互调用,同一个函数可以被一个或多个函数调用任意多次,但其他函数不能调用 main() 函数。

5.2 函数的定义

C 程序中,函数同变量一样必须先定义才能使用。

C 语言中的函数是一个处理过程,是实现某一功能的程序段。它可以进行数值运算、信息加工处理、控制决策等,即将一段程序的工作过程放在函数中进行。函数结束时可以返回处理的结果。

5.2.1 函数的定义形式

函数必须先定义和声明后才能调用,从函数定义形式的角度看,函数可以分为无参函数和有参函数两大类。

1. 无参函数的定义形式

```
类型标识符 函数名()
{
    函数体
}
```

用"类型标识符"指定函数值的类型,即函数被调用后返回值的类型。若函数不需要带回值,则可以不写类型标识符,或将函数定义为"空类型",即定义为 void 类型。

【例 5-1】 输出以下信息:

```
####################
        I can fly.
####################
```

程序代码:

```
#include <stdio.h>
void mess()                    /* 无参函数,调用时无须传值 */
{   printf("####################\n");
}
void print()                   /* 无参函数,调用时无须传值 */
{   printf("        I can fly.\n");
}
void main()
{   mess();
    print();
    mess();
}
```

运行结果：

```
####################
         I can fly.
####################
```

2. 有参函数定义的一般形式

类型标识符　函数名(形式参数表)
{
　　函数体
}

说明："有参"是指函数名后的括号中有一个或多个参数，这样的函数在被调用时需要传给它相应的值，定义时的参数称做"形式参数"，被调用时传给它的参数称做"实际参数"。

函数定义分为两部分：函数的说明部分和函数体部分。

1) 函数的说明部分

(1) "类型标识符"用来说明函数返回值的类型。若省略，系统默认的返回值类型为整型。若函数没有返回值，可以定义函数类型为空类型 void。

(2) "形式参数表"用以指明调用函数时，传递给函数的数据类型及个数。形式参数必须分别作类型说明，即使多个参数是同一类型也不可以一起说明，如语句 int a,b;是非法的。

2) 函数体

函数体部分通常由三部分组成：变量的定义部分、计算语句序列和函数返回值部分。变量的定义部分用以声明除形参外的其他变量，函数所要实现的功能在计算语句序列，函数返回值用来将函数的计算结果返回给主调函数，用 return 语句实现。

【例 5-2】 定义一个函数，计算两个正整数的和。

程序代码：

```c
#include <stdio.h>
int sum(int x, int y)          /* 函数定义,x,y 为形式参数 */
{   int z;
    z = x + y;
    return(z);                 /* 返回函数值,返回值类型与函数类型一致 */
}
void main()
{   int a = 50, b = 40, s;
    s = sum(a,b);              /* 函数调用 */
    printf("sum = %d\n", s);
}
```

运行结果：

sum = 90

程序说明：运行程序后，先执行 main()中的各条语句，执行到语句 s=sum(a,b)时，调用sum()函数,同时把a的值传给x,把b的值传给y。程序转去执行sum()函数中的各条语句,计算x与y的和,直到执行return(z)时,sum()函数执行结束,返回主调函数main()调用处并将计算结果返回赋给变量s,继续执行main()函数中的printf语句。

5.2.2　函数参数

函数参数分为形式参数(简称形参)和实际参数(简称实参)两种:在定义函数时函数名后面括号中的变量称为形式参数,在整个函数体内都可以使用;在主调函数中调用一个函数时,函数名后面括号中的变量称为实际参数,进入被调函数后,不可以再用实参变量。实参和形参的功能是实现数据传递,即主调函数向被调函数传递数据,更具体地说是实际参数向对应的形式参数传递数据。

1. 实参与形参的特点

(1) 形参变量只有函数在被调用时才分配内存单元,在未出现函数调用时,它们并不占用内存中的存储单元。在调用结束后,形参所占的内存单元即被释放,因此形参的作用域只是定义它的函数内部。

(2) 定义函数时,必须指定形参的类型,且必须分别作类型说明,即使多个参数是同一类型也不可以一起说明。

(3) 实参可以是常量、变量或表达式,但要求它们有确定的值。在函数调用时将实参的值赋给形参变量。

(4) 实参与形参的类型应相同或赋值兼容。

2. 函数间的参数传递

当调用一个有参函数时,实参的值会传给形参从而实现主调函数和被调函数间的数据传递。C语言中,函数参数传递有两种方式:值传递和地址传递。

(1) 值传递是把实参的值传给形参。实参和形参分别占用不同的内存单元,因此在被调函数执行过程中形参无论如何变化都不会影响到实参,即值传递是单向的。简单变量做函数参数,参数传递方式就是值传递,如例5-2中的a与x,b与y之间的传递都是单向的值传递,在被调函数内部无论对形参x,y做任何操作都不会影响到实参a与b的值。

(2) 地址传递时实参传给形参的是地址,这样实参和形参就指向同一段内存区域,即它们共用同一段内存区域。形参所指的内存区域的值如果发生改变,实参得到的就是改变后的结果。数组名和指针作为函数参数,参数传递的方式就是地址传递。

5.3　函数调用与返回值

C语言程序的执行总是从主函数main()开始的,在主函数main()的执行过程中调用其他函数,其他函数也可以相互调用,执行完其他函数后返回主函数main(),在主函数main()中结束整个程序的运行。

C语言的函数遵循先定义或声明,后调用的原则。

5.3.1 函数调用

1. 函数调用形式

函数调用的一般形式为

函数名(实参表列)

如果函数定义中包含形式参数,则在函数调用中应包含实际参数,而且实参表列中的实参个数、数据类型及其顺序必须与函数定义时的形参一致。如果调用无参函数,则无实参表列,但括弧不能省略。

执行函数调用语句时,首先计算每个实参表达式的值,并传递给对应的形参,然后执行该函数的函数体,函数体执行后返回主调函数中调用语句的下一条语句继续执行主调函数的其他语句。

【例 5-3】 在主函数中输入一正整数 n,调用函数 sum,求小于 n 的所有偶数之和。
程序代码:

```
#include <stdio.h>
int sum(int a)                        /*简单变量做函数参数*/
{ int k,p = 0;
  for(k = 0;k <= a;k += 2)            /*求和*/
    p = p + k;
  return(p);                          /*返回值*/
}
void main( )
{ int n,s ;
  printf("请输入 n 的值:");
  scanf("%d",&n);
  s = sum(n);                         /* 函数调用,程序转去执行 sum 函数,实参 n 的值传给形参 a */
  printf("\ns = %d\n",s);
}
```

运行结果:

请输入 n 的值:11↙
s = 30

2. 函数调用的方式

C 语言中,函数可以以函数表达式、函数语句和函数参数三种方式调用。

1) 函数表达式

函数出现在一个表达式中,这种表达式称为函数表达式。这时要求函数带回一个确定的值以参加表达式的运算。

【例 5-4】 调用判断偶数的函数,求 1~100 的所有偶数和。
程序代码:

```
#include <stdio.h>
int even(int x)                          /* 判定 x 是否为偶数,是返回 x,否则返回 0 */
{ if(x%2!=0)
    x=0;
  return x;
}
void main()
{ int i,s=0;
  for(i=1;i<100;i++)
    s=s+even(i);                         /* 函数 even(i)作为求和表达式的一部分 */
  printf("s=%d\n",s);
}
```

运行结果:

s=2450

2) 函数语句

把函数调用作为一个语句,这样的函数通常没有返回值。如例 5-1 中的"print();"和"mess();"。

3) 函数参数

将函数调用返回值作为它本身或其他函数的参数。

【例 5-5】 编写一个函数 max 求两个整数的最大值,调用 max 求三个数的最大值。

程序代码:

```
#include <stdio.h>
int max(int x,int y)                     /* 求 x,y 最大值 */
{ if(x>=y) return x;
    else return y;
}
void main()
{ int a,b,c;
  printf("请输入三个数: ");
  scanf("%d,%d,%d",&a,&b,&c);
  printf("\nmax=%d\n",max(max(a,b),c));  /* max()作为参数出现 */
}
```

运行结果:

请输入三个数: 34,10,26 ↙
max=34

3. 函数的嵌套调用

在一个函数内部不可以定义另一个函数,即函数不可以嵌套定义。但函数可以进行嵌套调用,即可以在一个函数内部调用其他函数。

如图 5-2 所示,主函数 main()调用函数 1,而函数 1 又调用函数 2,这种函数间的调用是常见的,称为函数嵌套调用。

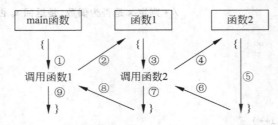

图 5-2 函数的嵌套调用(图中序号为程序执行顺序)

【例 5-6】 求 $p=1!+2!+3!+\cdots+n!$,n 的值由键盘输入。

程序代码:

```
#include <stdio.h>
long facto(int x)                        /* 函数 facto()的功能为计算 x! */
{ int i;
  long k = 1;
  for(i = 1; i <= x; i++)
    k = k * i;
  return k;
}
long sum(int n)
{ int i;
  long s = 0;
  for(i = 1; i <= n; i++)
    s = s + facto(i);                    /* 调用函数 facto() */
  return s;
}
void main()
{ int n;
  printf("\n请输入 n 的值: ");
  scanf("%d", &n);
  printf("\n1! + 2! + 3! + … + %d!= %ld\n", n, sum(n));   /* 调用函数 sum() */
}
```

运行结果:

请输入 n 的值: 6 ↙
1! + 2! + 3! + … + 6! = 873

5.3.2 函数的返回值

函数被调用之后,执行函数体中的各条语句,通常最终会取得一个确定值并返回给主调函数,这个值就是函数的返回值。函数的返回值是通过 return 语句获得的。

return 语句的三种形式:

return(表达式);
return 表达式;
return;

前两种形式完全等价,其功能是将程序的控制流程从被调函数返回主调函数,并将表达式的值返回给主调函数。若只想将程序的控制流程从被调函数返回主调函数,而不需要确定的返回值,则用第三种形式返回。

说明:

① 在函数中可以有多个 return 语句,但每次调用只能有一个被执行,一次调用只能返回一个值。

② 在定义函数时对函数值说明的类型应该和 return 语句中的表达式类型一致,若两者不一致,则以函数类型为准,自动进行类型转换。

③ 没有返回值的函数,可以用 void 定义成"空类型"。

5.3.3 函数的声明

在主调函数中调用某一已定义的函数之前需对该被调函数进行声明,这类似于变量在使用之前先进行说明。函数声明的目的是告知编译系统被调函数的函数名、函数类型、参数类型及个数,函数声明有下列两种形式:

函数声明的一般形式为:

函数类型 函数名(类型,类型,…);

或

函数类型 函数名(类型 形参,类型 形参,…);

对函数的声明与该函数定义时函数的函数名、函数类型、参数类型及次序必须完全一致。

【例 5-7】 求 3~100 的素数之和。

程序代码:

```
#include <stdio.h>
int fun(int x);                    /* 函数声明语句 */
void main()
{ int k,sum = 0;
  for(k = 3;k < 100;k = k + 2)     /* 偶数不可能为素数,故只对奇数做判定 */
    sum = sum + fun(k);
  printf("sum = %d\n",sum);
}
int fun(int a)                     /* 判定 a 是否为素数,如是返回 a,否则返回 0 */
{ int k;
  for(k = 2;k <= a/2;k++)
    if(a % k == 0) {a = 0;break;}
  return a;
}
```

运行结果:

sum = 1058

C语言规定,在调用函数前以下三种情况可以不对被调函数作声明:

① 若被调函数的值(函数的返回值)是整型或字符型,可以不必进行声明,系统自动将被调函数按整型处理。

② 若被调函数的定义出现在主调函数之前,可以不必加以声明,直接调用。

③ 若在所有函数定义之前,在文件的开头声明了函数类型,则在各个函数中不必对所调用的函数再作类型声明。

5.4 函数的递归调用

5.4.1 递归定义

递归是数学中一种重要的概念定义方式,即一个概念直接或间接地定义它自己。数学中许多概念是递归定义的,如阶乘函数和 Fibonacci 函数。

阶乘函数的递归定义:

$$f(n) = \begin{cases} 1 & (n=0,1) \\ nf(n-1) & (n>1) \end{cases}$$

Fibonacci 数列的递归定义:

$$f(n) = \begin{cases} n & (n=0,1) \\ f(n-1)+f(n-2) & (n>1) \end{cases}$$

递归定义有两个基本要素。

① 边界条件:至少有一条初始定义是非递归的,如 1!=1。

② 递推式:由已知函数值逐步递推计算未知函数值,如用$(n-1)!$定义$n!$。

这两个基本要素缺一不可,若没有边界条件此递归将无法终止,若没有递推式就不能实现递归。

5.4.2 递归算法

一个函数在它的函数体内直接或间接调用该函数本身的算法称为递归算法。递归定义的问题可用递归算法求解,按照递归定义将问题简化,逐步递推,直到获得一个确定的解。若函数在本函数体内直接调用它自身,则称为直接递归调用;若函数调用其他函数,其他函数又调用了该函数,则称为间接递归调用。在递归调用中,递归函数既是主调函数又是被调函数。

直接递归调用和间接递归调用的形式如下。

1. 直接递归调用

```
void f ( )
{ ….
    f ( );                    /* 函数体内调用函数自身,直接递归调用 */
    …
}
```

2. 间接递归调用

```
void f( )
{ ....
    g( );                    /* 函数 f 中调用函数 g */
    ...
}
void g( )
{ ....
    f( );                    /* 函数 g 中调用函数 f,间接递归调用 */
    ...
}
```

上面的函数 $f()$ 和 $h()$ 都是递归函数,无论直接递归调用还是间接递归调用都有一个共同点,就是形成一个无终止的循环调用。显然程序设计中不允许出现这种无限循环,解决办法是在函数体内添加终止递归调用的语句,通常用 if 语句来控制,当某条件成立时继续递归调用,否则不再继续。

【例 5-8】 用递归方法求 $n!$。

$n!$ 可以表示为 $n!=1\times2\times3\times\cdots\times(n-1)\times n$,通常用循环方法可求,但求 $n!$ 也可以用下面的方法:

$$n! = \begin{cases} 1 & (n=1) \\ n(n-1)! & (n>1) \end{cases}$$

例如,求 5! 的递归过程如图 5-3 所示。

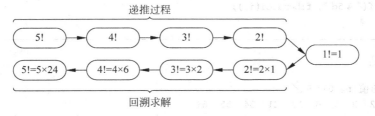

图 5-3 递归求解过程

程序代码:

```
#include<stdio.h>
long facto (int n)
{ long t;
   if(n == 1)
     t = 1;
   else
     t = n * facto(n-1);                             /* 直接递归调用 */
   return(t);
}
void main( )
{ int n;
```

```
        long p;
        printf("\n 请输入 n 的值: ");
        scanf(" % d",&n);
        p = facto(n);
        printf(" % d!= % ld\n",n,p);
    }
```

运行结果：

请输入 n 的值: 5 ✓
5!= 120

【例 5-9】 用递归方法求 Fibonacci 数列第 n 项。

程序代码：

```
int fibonacci(int n)
{ if(n == 0 || n == 1)
    return n;
  else
    return fibonacci(n - 1) + fibonacci(n - 2);      /* 直接递归调用 */
}
void main( )
{ int n,i;
  printf("\n 请输入 n 的值(n≥0): ");
  scanf(" % d",&n);
  for(i = 2;i <= n + 2;i++)
    printf(" % 5d", fibonacci(i));
}
```

运行结果：

请输入 n 的值(n≥0): 9 ✓
  0   1   1   2   3   5   8   13   21   34   55   89

5.5 数组作为函数参数

数组是具有相同数据类型的一组变量的集合，数组可以作函数参数。数组作函数参数有两种形式，一是数组元素作函数的参数，二是数组名作函数的参数。

5.5.1 数组元素作为函数的参数

数组元素的使用方法与同类型的简单变量的使用方法相同，它可以出现在表达式的任何地方，因此数组元素作函数实参使用与普通变量完全相同。当函数的形参是简单变量名时，相应的实参可以是数组元素。用数组元素作实参，是将数组元素的值传递给对应的形参。

【例 5-10】 输出已知数组 $a[10] = \{13,6,7,25,31,92,37,40,63,91\}$ 中的所有奇数。

程序分析：首先定义一个判断一个数是否是奇数的函数 odd，在主函数中循环调用函数 odd,判断数组中的每一个元素是否为奇数,如果是则输出。

程序代码:

```
#include <stdio.h>
    int odd(int x)                     /* 判定 x 是否为奇数,是返回 x,否则返回 0 */
    {if(x%2==0)
        x = 0;
     return x;
    }
    void main()
    { int i;
      int a[10] = {13,6,7,25,31,92,37,40,63,91};
      for(i = 1;i < 10;i++)
        if(odd(a[i]))                  /* 数组元素作为函数 odd 的实参 */
          printf("%4d",a[i]);
    }
```

运行结果:

13   7   25   31   37   63   91

【例 5-11】 求数组 $a[10]=\{13,6,7,25,31,92,37,40,63,91\}$ 中的所有素数和。

程序分析:定义一个函数 fun 实现素数的判定,如果是素数,返回值为 1,否则返回值为 0。在主函数中依次用数组 a 的元素作为实参进行函数调用,即可实现对数组 a 中的每一个元素进行素数的判断,进而求和。

程序代码:

```
#include <stdio.h>
    int fun(int x)                     /* 判定 x 是否为素数,如是返回 1,否则返回 0 */
    { int k,w;
      w = x/2;
      for(k = 2;k <= w;k++)
        if(x%k == 0)
          break;
      if(k > w)
        return 1;
      else
        return 0;
    }
    void main()
    { int a[10] = {13,6,7,25,31,92,37,40,63,91};
      int k,s = 0;
      for(k = 0;k < 10;k++)
        if(fun(a[k]) == 1)             /* 数组元素作实参 */
          s += a[k];
      printf("\n sum = %d",s);
    }
```

运行结果：

sum = 88

程序说明：用数组元素作实参，一般通过多次调用函数将数组元素分别传递到被调函数，再进行某种分析处理。

5.5.2 一维数组名作函数参数

数组名作函数的参数时，实际参数传递给形式参数的是数组的首地址，即实参和形参引用同一个数组，共同拥有一段内存单元。因此，对形参数组的操作实际上也是对实参数组的操作。用数组名作函数参数，要求实参和对应的形参是类型相同的数组，都必须有明确的数组说明，但形参数组的长度可以不做说明。

【例 5-12】 有一个一维数组 a，编一函数实现交换数组中指定的两个元素的值。

程序代码：

```c
#include <stdio.h>
void swap(int a[], int i, int j, int n)        /* 交换a[i]与a[j]的值 */
{ int temp;
   if(i>0&&i<n&&j>0&&j<n)                       /* 判断下标是否越界 */
   {
     temp = a[i];
     a[i] = a[j];
     a[j] = temp;
   }
}
void main( )
{ int s[] = {1,2,3,4,5,6,7,8,9,10};
   int k,m,i;
   printf("请输入要交换的两个元素的下标(逗号分隔): ");
   scanf("%d,%d",&k,&m);
   swap(s,k,m,10);                              /* 数组名作实参 */
   for(i = 0;i<10;i++)
     printf("%5d",s[i]);
}
```

运行结果：

请输入要交换的两个元素的下标(逗号分隔)：3,8↙
   1   2   3   9   5   6   7   8   4   10

说明：

① 用数组名作函数参数，应该在主调函数和被调函数中分别定义数组。

② 实参数组与形参数组类型应一致。

③ 实参数组和形参数组长度可以不一致，对形参数组可以省略长度定义，因为 C 编译对形参数组大小不做检查，只是将实参数组的首地址传给形参数组。

④ 数组名作函数参数时，是把实参数组的起始地址传递给形参数组，这样两个数组就

共占同一段内存单元,是"地址传递",形参数组元素值发生变化,实参数组元素的值也发生变化。

【例 5-13】 找出一已知数组中的最小值并与数组的第一个元素交换值。

程序代码:

```
#include<stdio.h>
void min(int x[],int n)                  /* 数组作函数参数 */
{ int i,temp,minid;
  minid=0;
  for(i=1;i<n;i++)
    if(x[i]<x[minid])                    /* 找最小值下标 */
      minid=i;
  temp=x[0];                             /* 最小值与第一个元素互换 */
  x[0]=x[minid];
  x[minid]=temp;
}
void main()
{ int a[8]={98,9,8,60,55,32,6,45};
  int i;
  min(a,8);                              /* 数组名作实参 */
  for(i=0;i<8;i++)
    printf("%4d",a[i]);
}
```

运行结果:

6   9   8   60   55   32   98   45

【例 5-14】 用选择法对数组 a 中的 10 个整数升序排序。

程序分析:所谓选择法排序就是假设 10 个整数存放在 a 中,首先找出数组中 10 个数的最小值元素并与 a[0]交换;再找出剩下 9 个数的最小值与 a[1]交换;再找出剩下 8 个数的最小值与 a[2]交换;以此类推,最终实现排序。

程序代码:

```
#include<stdio.h>
void sort(int x[],int z)                 /* 数组作函数参数 */
{ int n,m,k,t;
  for(n=0;n<z-1;n++)
    { k=n;
      for(m=n+1;m<z;m++)                 /* 找最小元素下标 */
        if(x[m]>x[k]) k=m;
      if(k!=n)
        {t=x[k];x[k]=x[n];x[n]=t;}
    }
}
void main()
{ int a[10]={9,19,8,6,55,3,16,4,20,11};
```

```
        int i;
        sort(a,10);                    /* 数组名作实参 */
        printf("排序后的数组为\n");
        for(i = 0;i < 10;i++)
            printf(" %4d",a[i]);
        printf("\n");
    }
```

运行结果：

排序后的数组为
3 4 6 8 9 11 16 19 29 55

5.5.3 用多维数组作函数参数

多维数组作函数的参数与一维数组作函数参数相同，实参和形参之间传递的也是数组的首地址。定义形参数组时，可省略第一维的长度，其他维的长度不可以省略。

【例 5-15】 输出杨辉三角形的前 m 行。

南宋数学家杨辉在其《详解九章算法》（1216 年）中给出以下三角形（后世称为杨辉三角形），其中任何一个整数等于它肩膀上的两个整数之和。

```
            1
          1   1
        1   2   1
      1   3   3   1
    1   4   6   4   1
   …  …  …  …  …  …
```

程序代码：

```
#include<stdio.h>
void yanghui(int x[][50],int m)                    /* 形参是二维数组 */
{ int k,n;
  for(k = 0;k < m;k++)
  {
    x[k][0] = 1;
    x[k][k] = 1;
    for(n = 1;n < k;n++)
       x[k][n] = x[k-1][n-1] + x[k-1][n];
  }
}
void main()
{ int a[50][50];
  int i,j,m;
  printf("请输入行数：\n");
  scanf("%d",&m);
  yanghui(a,m);                                    /* 二维数组作实参 */
```

```
    for(i = 0;i < m;i++)
    {
       printf("\n");
       for(j = 0;j <= i;j++)
          printf(" % 4d", a[i][j]);
    }
}
```

运行结果：

请输入行数：6 ↵
1
1 1
1 2 1
1 3 3 1
1 4 6 4 1
1 5 10 10 5 1

5.6 变量的作用域与存储属性

函数的形参变量和函数内部定义的变量只在函数被调用时，系统才给它们分配内存单元，调用结束那一刻，所分配的内存单元会被释放。这说明这些变量只在函数内部有效，离开定义它的函数就不能再使用。也就是说每个变量都有自己的使用范围，这种变量的有效范围称为变量的作用域。C 语言中的变量，按作用范围分为两类，局部变量和全局变量；而变量的存储属性是指变量在内存中的存储方式，它也分为两类：静态存储类和动态存储类。

5.6.1 变量的作用域

1. 局部变量

局部变量是在一个函数内部定义的变量，也称为内部变量，它的作用域仅限于定义它的函数内部，也就是说只有在本函数内才能使用它们。不同的函数内可以使用相同名字的变量，不会发生混淆，但它们表示不同的含义。

例如：

```
int fun ( int x)
{
   int y,z;          ⎫
   …                 ⎬ fun 函数中 x、y、z 的有效范围
}                    ⎭
void main( )
{
   int x,y,z;        ⎫
   …                 ⎬ main 函数中 x、y、z 的有效范围
}                    ⎭
```

说明：

① 主函数中定义的变量只在主函数中有效，其他函数不可以使用，同时主函数也不能使用其他函数中定义的变量。

② 不同函数中可以使用相同名字的变量，但它们在内存中占不同的存储单元，互不干扰。

③ 可以在复合语句中定义变量，这些变量只在本复合语句中有效，这种复合语句也可称为"分程序"或"程序块"。

例如：

```
void main( )
{   int x,y;
    scanf("%d,%d",&x,&y);      ⎫
    if(x<y)                     ⎪
    {                           ⎪
        int k;      ⎫           ⎬ x,y的有效范围
        k = x;      ⎪           ⎪
        x = y;      ⎬ k的有效范围 ⎪
        y = k;      ⎪           ⎪
    }               ⎭           ⎪
    …                           ⎪
}                               ⎭
```

2. 全局变量

全局变量是在函数外部定义的变量，也称为外部变量。其作用域是从定义位置开始到本源文件结束，若要使用后面定义的全局变量，需用 extern 做说明。

例如：

```
int m,n;                /* 定义全局变量 m 和 n,作用范围从此位置到文件结束 */
float f(int a)
{
    …
}
int s,t;                /* 定义全局变量 s 和 t,作用范围从此位置到文件结束 */
void main( )
{
    …
}
```

【例 5-16】 有一个一维数组，内放 10 个学生成绩，写一个函数，求出平均分，最高分和最低分。

程序代码：

```
#include <stdio.h>
float max = 0,min = 0;                  /* 全局变量 */
float ave(float a[ ],int n)             /* 求平均分,最高分和最低分函数 */
{   int i;
    float aver,sum = a[0];
```

```
        max = min = a[0];
        for(i = 1;i < n;i++)
        {   if(a[i]> max)
                max = a[i];
            else if(a[i]< min)
                min = a[i];
            sum = sum + a[i];
        }
        aver = sum/n;
        return(aver);              /* 函数只返回了平均分 */
    }
    void main( )
    {   float score[10];
        int i;
        for(i = 0;i < 10;i++)
            scanf(" % f",&score[i]);
        printf("max = % 6.2f\nmin = % 6.2f\n",max,min);
        printf("average = % 6.2f\n",ave(score,10));
    }
```

运行结果：

23 45 62 98 87 65 90 56 88 94 ↙
max = 98.00
min = 23.00
average = 70.80

程序说明：

① 函数只能有一个返回值，但可以利用全局变量，经函数调用得到一个以上的值。

② 使用太多的全局变量会使代码编写和维护变得非常困难，所以不提倡大量使用全局变量。

全局变量的作用域一般是从定义位置开始到本源文件结束。如果在定义点之前的函数想引用该全局变量，则应该在该函数中用关键字 extern 作"外部变量说明"，表示该变量在函数的外部定义，在函数内部可以使用它们。

【例 5-17】 全局变量使用实例。

程序代码：

```
# include < stdio.h >
int a = 20;
void main()
{   extern b;                    /* 在定义之前使用,要声明 */
    int i = 10;
    printf(" % d",a + b + i);
}
int b = 30;
```

运行结果：

60

【例 5-18】 全局变量使用实例。

程序代码：

```
#include <stdio.h>
int n = 8;
int fun(int x)
{ int t,n = 3;
  t = n + x;                    /* 表达式中的 n 为局部变量,值为 3 */
  return t;
}
void main()
{ int m = 1,sum;
  sum = fun(n + m);             /* 实参中的 m 为全局变量,值为 5 */
  printf("sum = %d\n",sum);
}
```

运行结果：

sum = 12

5.6.2 变量的存储属性

从变量的作用域角度,变量分为全局变量和局部变量。从变量的存储方式来分,变量分为静态存储方式和动态存储方式两种。

内存中供用户使用的存储空间可分为用户区、静态存储区和动态存储区。用户区主要用于存放执行程序的代码；静态存储区主要用于存放静态变量、全局变量和外部变量；动态存储区主要用于存放函数形式参数、自动变量、函数调用时的现场保护和返回地址等。

所谓静态存储方式是指在程序运行期间分配固定的存储空间的方式,而动态存储方式则是在程序运行期间根据需要进行动态地分配空间的方式。

在 C 语言中,变量的定义包括三方面的内容：一是变量的数据类型；二是变量的作用域；三是变量的存储类型。

1. 局部变量的存储类型

在一个函数内部定义的变量是局部变量,它只在本函数范围内有效。局部变量的存储类型有自动型(auto)、静态型(static)、寄存器型(register)三种。

1) 自动变量

函数中的局部变量,如不声明为 static 存储类别,都是动态分配存储空间的,数据存储在动态存储区中。函数中的形式参数及在函数内定义的变量,在调用函数时系统给它们分配存储空间,在函数调用结束时就释放这些存储空间,因此这类局部变量称为自动变量。

自动变量用关键字 auto 作存储类型的说明。实际使用中,关键字 auto 可以省略,auto 不写则隐含为"自动存储类型",属于动态存储方式。程序中的大多数变量属于自动变量。

自动变量若未初始化,系统会给它一个不确定的值,且函数调用结束后释放其所占的空间,它的值不会被保留。

其定义的一般形式为

auto 类型标识符 变量名表;

如

auto int k;

2) 静态局部变量

在所定义变量的类型标识符前用关键字 static 加以说明的变量称为静态局部变量。静态局部变量存储在静态存储区中。静态变量在编译时赋初值,没有初始化的静态变量根据类型不同分别赋予 0、0.00 或空,静态变量只赋一次初值。

其定义的一般形式为

static 类型标识符 变量名表;

例如:

static int a,b;

说明:

① 局部静态变量属于静态存储类别,在静态存储区内分配存储单元,在程序整个运行期间都不释放。而自动变量(即局部动态变量)属于动态存储类别,占动态存储区空间,函数调用结束后即释放。

② 局部静态变量是在编译时赋初值的,即只赋初值一次。以后每次调用函数时不再重新赋初值而只是保留上次函数调用结束时的值,其值保持连续性。而对自动变量赋初值,不是在编译时进行的,而是在函数调用时进行,每调用一次函数重新赋给一次初值,相当于执行一次赋值语句。

③ 虽然静态局部变量在函数调用结束后仍然存在,但不能被其他函数引用。

【例 5-19】 输出 1~5 的阶乘。

程序代码:

```
# include < stdio.h >
int fun(int x)
{ static int p = 1;                    /* p为静态局部变量 */
  p = p * x;
  return p;
}
void main()
{ auto int i;
  for(i = 1;i < = 5;i++)
    printf(" % 4d",i,fun(i));
}
```

运行结果:

1   2   6   24   120

【例 5-20】 考察静态局部变量的值。

程序代码：

```
# include <stdio.h>
int fun()
{ static int y = 0;                    /* y 为静态局部变量 */
  y += 5;
  return(y);
}
void main()
{ int k;
  for(k = 1;k <= 3;k++)
    printf(" %4d",fun());
}
```

运行结果：

   5   10   15

程序说明：

① 在第一次调用函数 fun 时，静态局部变量 y 由系统自动赋初值为 0，调用结束时 $y=5$。

② 由于 y 是静态局部变量，在调用结束后，它不释放，仍保留 $y=5$。在第二次调用函数 fun 时，由于静态局部变量不重新定义，其值为第一次调用结束时的值 5，所以第二次调用函数 fun 结束时 $y=10$。

③ 同理，第三次调用函数 fun 结束时 $y=15$。

3) 寄存器变量

一般情况下，变量的值存放在内存中。如果有一些变量使用频繁，为提高执行效率，C 语言允许将局部变量的值放在 CPU 的寄存器中，需要时直接从寄存器取出参加运算，不必再到内存中去存取，由于对寄存器的存取速度远高于对内存的存取速度，这样就可以提高执行效率。这种变量叫"寄存器变量"，用关键字 register 作说明。一个计算机系统中的寄存器数目有限，不能定义任意多个寄存器变量。

【例 5-21】 使用寄存器变量计算并输出 $1\sim n$ 阶乘的值。

程序代码：

```
# include <stdio.h>
long fun(int x)
{ register long k,t = 1;                /* 定义寄存器变量 */
  for(k = 1;k <= x; k++)
    t = t * k;
  return t;
}
void main()
{ int n,i;
```

```
        printf("请输入 n 的值:");
        scanf("%d",&n);
        for(i=1;i<=n;i++)
            printf("%d!=%ld\n",i,fun(i));
    }
```

运行结果：

请输入 n 的值：4 ↙
1! = 1
2! = 2
3! = 6
4! = 24

程序说明：
① 程序中只能定义整型寄存器变量(包括 char 型)。
② 只有局部自动变量和形式参数可以定义为寄存器变量,局部静态变量和全局变量不可以定义为寄存器变量。

2. 全局变量的存储类型

在函数外部定义的变量是全局变量,它的作用域是从变量的定义处开始到本程序文件的末尾。全局变量有用 extern 声明的外部变量和 static 声明的全局变量两种。当未对全局变量指定存储类别时,默认为 extern 类别;用 extern static 声明的全局变量都是静态存储方式,存放在静态存储区。

1) 用 extern 声明的全局变量

全局变量允许其他文件中的函数引用,定义时存储类别为 extern,也可以省略,但在引用它的文件中必须用 extern 作声明。

【例 5-22】 用 extern 声明外部变量。
程序代码：

```
/* liti5-23-1.c */
extern int c = 3;                  /* 可被其他文件引用的全局变量 */
static int d = 20;                 /* 只能在本文件中引用的全局变量 */
extern void fun();                 /* 声明函数 fun 是在其他文件中定义的 */
#include <stdio.h>
void main()
{ int c = 2;
    printf("liti5-23-1:c=%d,d=%d\n",c,d);
    fun();
}
/* liti5-23-2.c */
#include <stdio.h>
void fun( )
{ extern int c;                    /* 变量 c 在文件 liti5-23-1.c 中定义 */
```

```
        printf("liti5-23-2:c= %d \n",c);
}
```

运行结果：

```
liti5-23-1:c=2,d=20
liti5-23-2:c=3
```

程序说明：

① 在 liti5-23-1.c 中定义了全局变量 c 和 d，其中 d 说明为 static，所以 d 只能被 liti5-23-1.c 中的函数使用。

② 变量 c 可以被 liti5-23-2.c 中的函数使用，但必须用 extern 声明 c 是其他文件中定义的全局变量。

如果一个程序包含两个文件，在两个文件中都要用到同一个外部变量 x，不能分别在两个文件中各自定义一个外部变量 x，否则在进行程序连接时会出现"重复定义"的错误。正确的做法是：在任一个文件中定义外部变量，而在另一个文件中用 extern 对其作"外部变量声明"，这样就实现了将另一文件中定义的外部变量的作用域扩展到本文件，可以合法使用了。

2）用 static 声明的全局变量

有时在程序设计中希望某些外部变量只限于被本文件引用，而不能被其他文件引用，这时可以在定义外部变量时加一个 static 声明，称为静态外部变量。如例 5-23 中的 d(static int d=20;)。

5.7 内部函数和外部函数

一个 C 程序可以由多个函数组成，通常这些函数保存在多个程序文件中。根据函数能否被其他文件调用，将函数分为内部函数和外部函数。

5.7.1 内部函数

如果一个函数只能被本文件中的其他函数所调用，称它为内部函数，内部函数又称为静态函数。在定义内部函数时，在函数类型前加 static。

内部函数的定义形式为

static 类型标识符 函数名（形参表）
　　{ 函数体 }

使用内部函数，可以使函数的作用域只局限于所在文件，在不同的文件中有同名的内部函数，互不干扰。这样不同的人可以分别编写不同的函数，而不必担心所用函数是否与其他文件中的函数同名，通常把只能由同一文件使用的函数和外部变量放在一个文件中，在它们前面加上 static 使其局部化，其他文件不能使用。

5.7.2 外部函数

可以被其他文件中的函数调用的函数称为外部函数。

外部函数的定义形式为

extern 类型标识符 函数名(形参表)
　　{ 函数体 }

C 语言规定,如果在定义函数时省略 extern,则默认为外部函数。因此,本书前面定义的函数都是外部函数。

5.8 带参数的 main 函数

以前的例子中,main 函数没有形参列表。实际上 main 函数可以带参数。
带参数的 main 函数的定义形式为:

```
void main(int argc,char * argv[])
{
    …
}
```

argc 和 argv 是 main()的形参,它们的类型是系统规定的,不可以改变,但它们的名称是常规的名称,可以改变。

由于 main 函数不能被其他函数调用,因此不可能在程序内部取得实际值。那么,如何把实参值传给 main 的形参呢? main 函数的参数值可以从操作系统(DOS)命令行上获得。

DOS 提示符下命令行的定义形式为:

C:\>可执行文件名　参数　参数 …

说明:

① 形参 argc 是命令行中参数的个数(可执行文件名本身算一个)。

② 形参 argv 是一个字符指针数组,数组元素的个数为 argc 的值,其元素值是指向实参字符串的指针。

本章小结

C 语言实现模块化的途径是函数。本章详细介绍了在 C 程序中使用函数的基本方法。

(1) 函数定义、调用和返回值部分,介绍了有参函数和无参函数定义的格式。在调用函数时函数返回值类型应与函数类型说明一致,若无返回值应定义为 void 类型,若有返回值需用 return 返回。

(2) 函数的递归调用介绍了当一个函数直接或间接调用本身时的情况,递归调用函数包括边界条件和递推式两要素。

(3) 在数组作函数参数时,有两种形式:一种是数组元素作函数实参,是值传递;另一种是数组名作实参和形参,传递的是数组的首地址。

(4) 数据的存储类别分为两大类,静态存储类和动态存储类。函数中的局部变量如不做特殊说明,都是动态分配存储空间的,如做 static 说明,将称为局部静态存储变量。

(5) 内部函数和外部函数,内部函数用 static 做说明,只能被本文件中其他函数所引用;外部函数用 extern 做说明,可以省略,外部函数可以被其他文件所引用。

习题 5

5-1 编写求累加和函数 sum(),调用 sum(),实现求:$s=1\times(1+2)\times(1+2+3)\times\cdots\times(1+2+3+\cdots+n)$ 的值,n 的值由键盘输入。

5-2 写一函数,将一长度为 6 的整型数组逆序存放,在主函数中输入和输出数据。

5-3 写一函数,将数组中 10 个整数的最小值与最大值交换位置。

5-4 输出 300 到 500 之间的所有素数,其中判断一个数是否为素数用函数完成。

5-5 编写一函数输出一个字符串中所有 ASCII 码为偶数的字符。

5-6 写一函数,用冒泡法对数组进行降序排序。

5-7 写一函数,求给定的 4 行 4 列二维数组左下三角形元素累加和。

5-8 编写一个函数,输入一个十六进制数,返回其对应的十进制数。

5-9 已知两个整型降序数组,用函数将两数组合并为一个数组,要求合并后的数组仍然是降序的。

5-10 用递归方法求 n 阶勒让德多项式的值,递归公式为:

$$p_n(x) = \begin{cases} 1 & (n=0) \\ x & (n=1) \\ ((2n-1)x - p_{n-1}(x) - (n-1)p_{n-2}(x))/n & (n \geq 1) \end{cases}$$

第 6 章 指针

指针是 C 语言中一个重要的概念,也是一个难掌握的概念,是 C 语言的一个重要特色。利用指针变量可以表示各种数据结构,能很方便地使用数组和字符串。学习指针是学习 C 语言最重要的一环,能否正确理解和使用指针是是否掌握 C 语言的一个标志。

本章要点
- 理解指针和指针变量的概念,掌握指针变量的定义和使用;
- 掌握指向数组指针的定义和使用;
- 掌握指向字符串的指针变量的定义和使用;
- 掌握指针变量作为函数参数和函数返回值的使用;
- 了解指针数组和指向指针的指针。

6.1 指针的概念

在计算机中,所有的数据都是存放在存储器中的。一般把存储器中的一个字节称为一个内存单元,在编译时系统给程序中定义的每个变量分配内存空间,不同的数据类型所占用的内存单元数不等,如一个字符型变量占一个单元。

为了正确地访问这些内存单元,必须为每个内存单元编号,这个编号就称为"地址"。根据一个内存单元的编号或地址即可准确地访问该内存单元,所以通常把这个内存单元的地址称为指针。在 C 语言中,允许用一个变量来存放内存单元的地址,这种变量即为指针变量。一个指针变量的值就是某个内存单元的地址或称为某内存单元的指针,也可以称为一个指针指向了某内存单元。

例如,图 6-1 中,设有字符变量 c 和 h,其内容分别为字符 A 和字符 B(ASCII 码为十进制数 65 和 66),c 占用了 2000 号单元,h 占用了 3000 号单元(地址用十六进数表示)。设有指针变量 $p1$,内容为 2000,设有指针变量 $p2$,内容为 3000,这种情况称为 $p1$ 指向变量 c,$p2$ 指向变量 h。

曾经讲过 scanf 函数的一个参数就是变量的地址,如 scanf("%d", &a),其中 &a 就是变量 a 的地址,& 是取地址运算符,如果输入 6,计算机就会把 6 存到以变量 a 的地址开始的连续 4 个内存单元中,这种按照变量地址存取变量值的方式称为"直接访问"方式。

图 6-1 内存中的变量存储

对内存的访问方法还有一种叫"间接访问"方式。如把变量 a 的地址存放在另一变量 pa 中,即 pa=&a,此时要存取变量 a 的值,首先找到 pa,然后根据 pa 中存放的 a 的地址去寻找 a 的值。

如果一个变量专门用来存放其他变量的地址,则称它为指针变量,存放地址的指针变量是一种特殊的变量,它只能用来存放地址,不能用来存放其他类型的数据。指针变量也有类型,也需要先定义然后使用,它的类型必须与它指向的变量类型相同。

6.2 指针变量的定义和运算

C 语言规定所有变量必须先对其定义然后才可以使用,指针类型变量也不例外。指针变量同其他变量一样也可以做运算,对指针变量的运算主要有赋值运算和算数运算。

6.2.1 指针变量的定义

定义指针变量的一般形式为

类型说明符　＊指针变量名

其中,"＊"表示这是一个指针变量,类型说明符是指针变量所指向的变量的数据类型。

例如:

```
char *p_ch;
```

定义 p_ch 为指向字符型变量的指针变量,至于它指向哪一个字符型变量,要由后面的赋值决定。一个指针变量一旦被定义就只能指向所定义类型的变量,即只能存储所定义类型变量的地址,不能存储其他类型变量的地址。

6.2.2 赋值运算

指针变量同普通变量一样,使用之前不仅要定义,而且必须赋值。未经赋值的指针变量没有指向任何的内存单元,不能使用。在 C 语言中,变量的地址是由编译系统分配的,用户并不知道变量的具体地址,那用户如何把变量的地址赋给指针变量,又如何通过指针变量存取内存单元的值呢? C 系统提供给用户两个引用指针变量的运算符。

取地址运算符为"&",指针运算符为"＊","&"是单目运算符,其功能是取变量的地址。"＊"是单目运算符,称为间接访问运算符,用来表示指针变量所指向的变量。

例如:

```
int *p,n=50;            /*定义整型指针变量p和整型变量n*/
p = &n;                 /*取n的地址赋给指针p,即p指向了n*/
```

有了上面的定义和赋值,就可以用＊p表示n了,此时＊p和n是等价的。

【例6-1】 通过指针变量访问变量。

程序代码:

```
# include <stdio.h>
void main()
{   char ch, * p_ch;
    p_ch = &ch;                          /* 把变量 ch 的地址赋给指针变量 p_ch */
    printf("请输入一个大写字母: ");
    scanf(" % c",p_ch);
    ch = ch + 32;
    printf("转换后的小写字母为: % c", * p_ch);   /* 通过指针输入字符 */
}
```

运行结果：

请输入一个大写字母：A↙
转换后的小写字母为：a

在 C 语言中可以使用不同的方法给一个指针变量赋值。

1. 指针变量的初始化

指针变量同其他变量一样也可以在定义时直接初始化，如

int a = 10;
int * p = &a;   /* 定义整型指针 p 时直接把变量 a 的地址赋给 p */

当 p 指向 a 时，p 与 &a 是等价的，* p 与 a 是等价的，如 scanf("％d",&a) 和 scanf("％d",p) 是等价的；printf("％d",a) 和 printf("％d", * p) 是等价的。

2. 同类型指针变量可以做赋值操作

可以通过赋值语句，把一个指针变量中的地址赋给另一个指针变量。例如：

int a = 10, * p, * q;
p = &a; q = p;

上述语句的执行结果是使 p 和 q 都指向了变量 a，此时 a、* p、* q 是等价的，且改变三者之一的值，另两个的值也发生变化，因为它们是同一段内存单元，如图 6-2 所示。

3. 指向数组的指针变量

例如：

int a[10], * p = a;

图 6-2　两个指针指向同一内存单元

数组名表示数组的首地址，将数组 a 的首地址赋给指针变量 p，即 p 指向了数组的第一个元素 a[0]，根据数组在内存中连续存储的特点，可以通过指针的移动指向数组的任一元素。

4. 指向字符串的指针变量

例如：

```
char * pstr = "HELLO!";
```

字符串在 C 语言中是用字符数组存放的,因此指向字符串的指针变量中存放的是字符数组的首地址。

5. 空指针

```
p = NULL;
```

NULL 是在 stdio.h 头文件中定义的预定义标识符,因此在使用 NULL 时,应该在程序的前面使用预定义行:#include <stdio.h>,NULL 的代码值为 0,表示它指向内存中第 0 个字节的位置,第 0 个字节的内存处于存放系统内核的区域内,用户不能直接访问和读写。

不允许把一个常数或普通变量及它们的表达式赋予指针变量。

如下面的赋值都是错误的:

```
int * p,a = 9;
p = 1100;
p = a;
```

6.2.3 算术运算

1. 指针变量与整数的加减运算

对于指向数组的指针变量,可以加上或减去一个整数 n。设 p 是指向数组 a 的指针变量,则 $p+n, p-n, p++, ++p, p--, --p$ 运算都是合法的。指针变量加或减一个整数 n 并不是让指针变量中存放的地址简单地加或减 n,而是把指针由当前所指向的位置(指向某数组元素)向前或向后移动 n 个位置。具体移动的一个位置是多大呢?这由数组的类型决定。因为各种类型的数组元素所占的字节个数是不同的。事实上,指向数组的指针的加 n 或减 n 操作是把指针向前或向后移动 n 个元素。

例如:

```
int a[5], * p;
p = a;              /* p指向数组a,也是指向 a[0],p等于 &a[0] */
p = p + 2;          /* p指向 a[2],即 p等于 &a[2] */
p = p - 1;          /* p指向 a[1],即 p等于 &a[1] */
```

加减运算只能对数组指针变量进行,对指向其他类型变量的指针变量做加减运算是毫无意义的。

2. 两指针变量的减法运算

指向同一数组的指针变量可以进行减法运算,结果为两个指针之间相差的元素个数。

例如:

```
int a[10], * p, * q,n;
p = a;              /* p指向 a[0] */
q = p + 5;          /* q指向 a[5] */
n = p - q;          /* n的值等于 5 */
```

两个指针变量不能进行加法运算。p+q 是没有实际意义的。只有指向同一数组的两个指针变量之间才能进行相减运算,否则运算也毫无意义。

3. 两指针变量的关系运算

指向同一数组的两指针变量可以进行关系运算,表示它们所指的数组元素之间的位置关系,如上例中的 q>p 为真,表示 q 处于高地址位置。

指针变量还可以与 0 比较。设 p 为指针变量,当 p==0 时说明 p 是空指针,表示它不指向具体的变量,是不能使用的,或者说使用起来是危险的。

【例 6-2】 键盘输入两个整型数,输出最大值。

程序代码:

```
#include <stdio.h>
void main()
{ int a,b,*p;                    /* 定义整型指针 */
  printf ("请输入 a,b: ");
  scanf("%d,%d",&a,&b);
  p = &a;                        /* p 指向 a */
  if(a<b) p = &b;
  printf ("max = %d\n", *p);
}
```

运行结果:

请输入 a,b: 5,10 ↙
max = 10

程序说明:在程序中定义了两个整型变量 a、b 和一个整型指针 p,p 的初始值为 &a,即 p 指向 a;若 a<b,把 b 的地址给 p,即 p 指向 b,也就是让 p 始终指向最大值,最后输出 *p。

6.3 指针与数组

一个数组是由连续的一块内存单元组成的。数组名就是这块连续内存单元的首地址。根据数组的存储特点,可以用指针变量指向数组元素,通过指针变量的移动来引用数组的每个元素。

6.3.1 指向一维数组的指针

数组名代表数组的首地址,即数组名是指向数组第一个元素的常量指针。可以通过将数组名赋值给指针变量的方式使一个指针指向数组中的第一个元素,然后就可以通过指针变量操作数组元素。

若有定义:int a[10],p=a;则存在如图 6-3 所示的等价关系。

引用一个数组元素可以采用下标法或指针法。

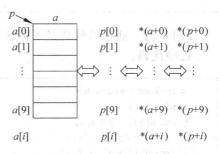

图 6-3 数组下标引用和指针引用的对应关系

① 下标法：通过 a[i] 表示访问数组元素。

② 指针法：采用 *(a+i) 或 *(p+i) 形式，用间接访问的方法来访问数组元素，其中 a 是数组名，p 是指向数组的指针变量，其初值指向数组第一个元素的地址。

第 4 章全部是用下标法访问数组元素，下面举例说明指针法访问数组元素。

【例 6-3】 通过指向数组的指针对数组输入输出。

程序代码：

```c
#include <stdio.h>
void main()
{ int *p,i,a[10];
  p = &a[0];                    /*指针指向数组中的第一个元素*/
  for(i = 0;i < 10;i++,p++)
    scanf("%d", p);             /* 输入 */
  p = a;                        /* 重新指向第一个元素 */
  for(i = 0;i < 10;i++, p++)
    printf("%4d", *p);          /*输出数组元素*/
}
```

程序说明：

① 程序中的第一个循环是将 10 个数读入数组 a 中，p++ 的作用是每读进一个数存到当前指针所指的内存单元，然后指针向下移指向下一个元素。

② 从输入数据循环退出时，指针 p 已经指向了 a[9] 之后的单元，所以 p=a 使 p 重新指向数组第一个元素为以后的操作做准备。

【例 6-4】 通过数组名输出数组中的元素。

程序代码：

```c
#include <stdio.h>
void main()
{  int a[5],i;
   for(i = 0;i < 5;i++)
     scanf("%d", a + i);
   for(i = 0;i < 5;i++)
     printf("%5d\n", *(a + i));    /*通过数组名输出数组元素*/
}
```

【例 6-5】 通过指针变量下标法输出数组中的元素。

程序代码：

```c
#include <stdio.h>
void main()
{ int a[5], *p = a,i;
   for(i = 0;i < 5;i++)
     scanf("%d", &p[i]);
   for(i = 0;i < 5;i++)
```

```
      printf("%5d\n", p[i]);        /* 指针变量下标法输出数组元素 */
}
```

【例 6-6】 通过指针变量输出数组中的元素。
程序代码：

```
#include <stdio.h>
void main()
{   int a[5], *p = a, i;
    for(i = 0; i < 5; i++)
        scanf("%d", p + i);
    for(i = 0; i < 5; i++)
        printf("%5d\n", *(p + i));   /* 指针变量输出数组元素 */
}
```

【例 6-7】 指针变量作为循环控制变量。
程序代码：

```
#include <stdio.h>
void main()
{   int a[5], *p;
    for(p = a; p < a + 5; p++)       /* 指针变量作为循环控制变量 */
        scanf("%d", p);
    for(p = a; p < a + 5; p++)
        printf("%d  ", *p);
    printf("\n");
}
```

指向数组元素的指针运算比较灵活，使用时还应注意以下几点：

① 定义了数组 a，做 a++(a=a+1)操作是错误的，因为 a 是数组的首地址，是常量。

② *p++，由于++和 * 优先级相同，结合方向自右而左，即 *(p++)，等价于{*p 和 p++}；*(++p)等价于{p++和 *p}。例如：若有定义 int a[10]，*p=a;则 *(p++)的值是 a[0]，而 *(++p)的值是 a[1]。

③ (*p)++表示 p 所指向的数组元素值加 1，等价于 *p= *p+1。

【例 6-8】 求长度为 10 的一维数组 a 中元素的最大值和最小值，最大值与 $a[9]$ 交换，最小值与 $a[0]$ 交换。

程序代码：

```
#include <stdio.h>
void main()
{   int a[10] = {10,3,8,6,12,9,4,5,2,11};
    int *p_max, *p_min, temp, i;
    p_max = &a[0];
    p_min = &a[0];
```

```
    for(i = 0;i < 10;i++)
    {
      if( * p_max < a[i]) p_max = &a[i];         /* 找最大值 */
      if( * p_min > a[i]) p_min = &a[i];         /* 找最校值 */
    }
    temp = a[9];a[9] = * p_max; * p_max = temp;  /* 交换 */
    temp = a[0];a[0] = * p_min; * p_min = temp;
    for(i = 0;i < 10;i++)
      printf(" % 4d",a[i]);
}
```

运行结果：

2   3   8   6   11   9   4   5   10   12

【例 6-9】 将一整数插入一个升序整型数组中，使其插入后，数组仍然是升序排列。

程序代码：

```
# include < stdio.h >
void main()
{   int a[7] = {10,13,18,26,32,39};
  int * pt,i;
  int x,pos;
  printf("请输入要插入的整数：");
  scanf(" % d",&x);
  for(pos = 0,pt = a;pt < a + 6&&x > * pt;pt++)      /* 查找插入位置 */
    pos++;
  for(pt = a, i = 5;i > = pos;i -- )                 /* pos 位置后所有元素后移 */
    * (pt + i + 1) = * (pt + i);
  * (pt + pos) = x;                                  /* 插入 x */
  for(pt = a;pt < a + 7;pt++)
    printf(" % 4d", * pt);
}
```

运行结果：

请输入要插入的整数：16↙
10   13   16   18   26   32   39

6.3.2 指向二维数组的指针

指针变量可以指向多维数组，以二维数组为例介绍指向多维数组的指针变量。二维数组可以看作由多个一维数组构成，二维数组中的各个元素在内存中也是连续存放的。

例如有二维数组 int a[2][3]＝{{1,2,3},{4,5,6},{7,8,9}};可以将其看作三个一维数组：

a[0]：1,2,3
a[1]：4,5,6
a[2]：7,8,9

$a[0]$、$a[1]$和$a[2]$分别是这三个一维数组的名字，数组名是数组的首地址，所以$a[0]$、$a[1]$、$a[2]$是这三个一维数组的首地址。那么二维数组名a代表什么呢？a是二维数组的首地址。显然这里的a和$a[0]$里存的是同一个地址，如图6-4所示。

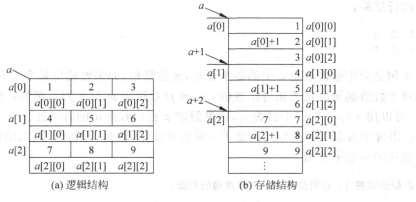

(a) 逻辑结构　　　　　　　　(b) 存储结构

图6-4　二维数组的逻辑结构及存储结构

有以下定义：

```
int a[2][3], * p;
p = a[0];                    /* 等价于 p = &a[0][0]; */
```

① $a[0]$是第一个一维数组的数组名和首地址。它表示一维数组$a[0]$中第一个元素$a[0][0]$的地址。$\&a[0][0]$是二维数组a的0行0列元素地址。因此，a、$a[0]$、$\&a[0][0]$是相等的，$a[i]$与$*(a+i)$也是等同的。

② $a+1$代表第1行的首地址（a代表第0行的首地址），$a[1]$是第二个一维数组的数组名和首地址，因此$a+1$、$a[1]$、$*(a+1)$、$\&a[1][0]$是相等的，由此可得出：$a+i$、$a[i]$、$*(a+i)$、$\&a[i][0]$是等同的。

③ p表示$\&a[0][0]$，$p+1$表示$\&a[0][1]$的地址。用指针操作二维数组与操作一维数组没有太大的差别，因为二维数组在内存中与一维数组一样也是连续存放的，或者说二维数组在内存中就是以一维数组的形式存放的。

【例6-10】　用指针变量输出二维组数的元素值。

程序代码：

```
# include < stdio.h >
void main()
{   static  int   a[2][3] = {1,2,3,4,5,6};
    int  * p;                /* 定义指针 p,注意是一个整数的指针变量 */
    p = a[0];                /* 即 p = &a[0][0] */
    for(;p < a[0] + 6;p++)
    {
      if((p - a[0]) % 3 == 0)
        printf("\n");
      printf(" % 6d", * p);
    }
```

运行结果：

```
1 2 3
4 5 6
```

本例是顺序输出数组 a 中的各个元素，比较简单，如果要输出某个元素 $a[i][j]$，可以计算相对于数组起始位置的相对位置值 $i*n+j$（数组为 m 行 n 列），例如：为获得 $a[1][2]$ 的地址，可以用 $*(p+1*3+2)$ 表示，这里假定 p 指向数组 a 的首地址。

C语言中为多维数组专门定义了一种指针变量，称为行指针。以二维数组为例，行指针变量说明的一般形式为

类型说明符（*指针变量名）[二维数组的列数]

例如：设 p 为指向二维数组 $a[2][3]$ 的指针变量，可定义为

int a[2][3], (*p)[3];

它表示 p 是指向一个由 3 个元素所组成的整型数组的指针。

$p=a$；p 指向二维数组的第 0 行，$p+1$ 指向二维数组第 1 行，$p+i$ 指向第 i 行，即 $p+i$ 是第 i 行的首地址。因此可以通过以下形式引用二维数组元素，$*(p[i]+j)$、$*(*(p+i)+j)$、$(*(p+i))[j]$、$p[i][j]$ 均表示 $a[i][j]$。

【**例 6-11**】 用行指针变量输出二维数组的元素值。

程序代码：

```
#include<stdio.h>
void main()
{   int a[3][4]={{1,2,3,4},{5,6,7,8},{9,10,11,12}},i,j;
    int (*p)[4];                          /* 定义行指针 */
    p=a;
    for(i=0;i<3;i++)
    {
        for(j=0;j<4;j++)
        printf("%4d",*(*(p+i)+j));        /* p[i][j] */
        printf("\n");
    }
}
```

运行结果：

```
1   2   3   4
5   6   7   8
9  10  11  12
```

6.3.3 指向字符串的指针

在 C 语言中,有两种方法可以操作一个字符串,一种是通过字符数组的方式,另一种是字符串指针的方式。

1. 字符数组的方法

char str[ ] = "Hello World! ";   /* 定义字符数组 str,同时初始化 */

2. 字符串指针的方法

```
#include <stdio.h>
void main()
{ char * str = " Hello  World! ";
  printf(" %s\n",str);
}
```

语句 char * str = "Hello World!";定义了字符串指针 str,同时进行了初始化,将字符串"Hello World!"的首地址赋给 str。

字符串指针变量的定义与字符指针变量的定义相同。只能通过对指针变量的赋值不同来区别。对指向字符变量的指针变量应赋予该字符变量的地址,例如:

char c, * pc = &c;   /* 表示 pc 是一个指向字符变量 c 的指针变量 */
char * str = " Hello World! ";   /* 表示 str 是一个指向字符串的指针变量 */

【例 6-12】 在输入的字符串中将大写字母转换成小写字母。

程序代码:

```
#include <stdio.h>
void main()
{   char str[50], * ps;
    printf("请输入字符串:\n");
    ps = str;
    scanf(" %s",ps);
    for(; * ps!= '\0';ps++)
      if( * ps >= 'A' && * ps <= 'Z')
      {
         * ps = * ps + 32;
      }
    printf(" %s\n",str);
}
```

运行结果:

请输入字符串:AbcDEfg↙
abcdefg

6.4 指针与函数

函数的参数不仅可以是整型、单精度浮点型、字符型等数据，还可以是指针类型。同样，指针也可以作为函数的返回值。

6.4.1 指针变量作为函数参数

指针类型参数和普通变量参数的传递方法是一样的，它的作用是将指针变量的值传送到被调函数对应的参数，但因指针变量存放的是它所指变量的地址，因此是地址传递。

【例 6-13】 用函数来实现两个变量值的交换。

程序代码：

```c
#include <stdio.h>
void swap(int *p, int *q)              /* 指针作为参数 */
{   int t;
    t = *q, *q = *p, *p = t;
}
void main()
{   int a, b;
    printf("请输入两个整数,以逗号分隔：");
    scanf("%d,%d",&a,&b);
    swap(&a,&b);
    printf ("交换后的结果为：%d,%d\n",a,b);
}
```

运行结果：

请输入两个整数,以逗号分隔：5,8↙
交换后的结果为：8,5

程序说明：

① 函数 swap() 的作用是通过指针变量作参数实现交换两个变量（a 和 b）的值。

② 函数 swap 的形参是指针变量。在主函数中传给它们的分别是 a 的地址和 b 的地址，即形参 p 指向 a，q 指向 b，交换过程如图 6-5 所示。

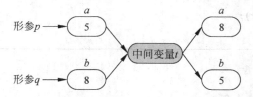

图 6-5 交换形参指针所指内存单元的值实现交换实参的值

如果不用指针变量作参数，而直接用变量作参数，想一想会不会实现交换。

【例 6-14】 分析下列程序,写出运行结果。

程序代码:

```c
#include <stdio.h>
void swap(int x, int y)        /* 简单变量作参数 */
{   int t;
    t = x, x = y, y = t;
}
void main()
{   int a, b;
    printf("请输入两个整数,以逗号分隔:");
    scanf("%d,%d", &a, &b);
    swap(a, b);
    printf("%d,%d\n", a, b);
}
```

运行结果:

请输入两个整数,以逗号分隔:5,8↙
5,8

程序说明:

① 主函数调用函数 swap,将实参 a、b 的值传给形参 p 和 q;

② 在函数 swap 中将形式参数 p、q 的内容交换,调用结束后变量 p、q 被释放,变量 a、b 的值没有发生改变。程序的执行过程如图 6-6 所示。

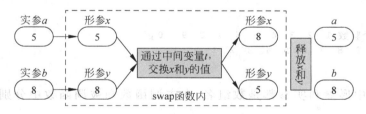

图 6-6 用变量作为形式参数的执行过程

当一个指针变量没有具体指向时,不能为其赋值,例如:

```c
void swap(int *p, int *q)
{
    int *t;
    *t = *p;          /* 指针变量 t 没有具体指向,不能赋值 */
    *p = *q;
    *q = *t;
}
```

语句 int *t;定义了指针变量 t,但没让它指向具体的内存单元,也就是说它的指向是不确定的,因此语句 *t= *p;对 t 所指向的地址赋值会出现问题。

6.4.2 指向数组的指针作为函数参数

在第 5 章介绍了数组作为函数的参数分两种情况,一是数组元素作函数参数,定义和调用时同简单变量作函数参数相同,是单向的值传递,因为数组元素与同类型的简单变量在使用方法上完全相同;二是数组名作函数的参数,因数组名是数组的首地址,所以发生的是地址传递。如果一个指针变量指向了数组的首地址,就可以通过这个指针变量作为函数的实参和形参来处理数组中的元素。

【例 6-15】 编写函数实现将长度为 n 的数组逆序存放。

程序代码:

```c
#include <stdio.h>
void reverse(int x[],int n)            /* 数组名作参数 */
{   int *p,*q,t;
    for(p=x,q=x+n-1; p<q; p++,q--)     /* 两个指针分别指向数组的首和尾 */
    {t=*p; *p=*q; *q=t;}
}
void main()
{   int i,a[10];
    printf("请输入 10 个整数:");
    for(i=0;i<10;i++)
        scanf("%d",&a[i]);
    reverse(a,10);
    printf("逆序后:");
    for(i=0;i<10;i++)
        printf("%4d",a[i]);
}
```

运行结果

请输入 10 个整数:1 2 3 4 5 6 7 8 9 10↙
逆序后:10 9 8 7 6 5 4 3 2 1

程序说明:

① 此程序中形参和实参都是数组名,在主调函数和被调函数中分别定义了数组 a 和 x。

② 数组名作函数参数时是把实参数组 a 的起始地址传递给形参数组 x,这样两个数组占用同一个内存区域,相当于同一区域起了两个名字,因此形参数组中各个元素值的变化,会使实参数组中元素值同时发生变化,是地址传递。

指针变量的值也是地址,数组指针变量的值即为数组的首地址,当然也可作为函数的参数使用,下面的例子介绍了在函数调用时指针变量和数组名作为参数的对应关系。

【例 6-16】 编写函数实现将长度为 n 的数组逆序存放(实参数组,形参用指针变量)。

程序代码:

```c
#include <stdio.h>
void reverse(int *x,int n)              /* 指针作形参 */
{   int *p,*q,t;
    for(p=x,q=x+n-1; p<q; p++,q--)
    {t=*p; *p=*q; *q=t;}
}
```

```
void main()
 { int i,a[10];
   printf("请输入 10 个整数: ");
   for(i = 0;i < 10;i++)
     scanf(" % d",&a[i]);
   reverse(a,10);                    /* 数组名作实参 */
   printf("逆序后: ");
   for(i = 0;i < 10;i++)
      printf(" % 4d ",a[i]);
 }
```

实参 a 是数组名,形参 x 是指针变量,通过函数调用将 a 数组的首地址传递给指针变量 x,x 的初始值就是 $\&a[0]$,通过 x 变化可访问数组 a 的任一个元素。

【例 6-17】 实参、形参都用指针变量,改写例 6-16。

程序代码:

```
# include < stdio. h >
void   reverse (int * x,int n)         /* 指针作形参 */
{   int * p, * q,t;
    for(p = x,q = x + n - 1; p < q; p++,q-- )
      {t = * p;  * p = * q; * q = t;}
}
void main()
{ int i,a[10], * pa;
  printf("请输入 10 个整数: ");
  for(i = 0;i < 10;i++)
      scanf(" % d",&a[i]);
  pa = a;
  reverse(pa,10);                    /* 指针作实参 */
  printf("逆序后: ");
  for(i = 0;i < 10;i++,pa++)
    printf(" % 4d ", * pa);
}
```

实参 pa 和形参 x 都是指针变量,先使 pa 指向数组 a,pa 的值为 $\&a[0]$,然后将 pa 值传递给 x,x 的初始值也是 $\&a[0]$,通过 x 变化也可访问数组 a 的任一个元素。

【例 6-18】 实参为指针变量,形参为数组名,改写例 6-16。

程序代码:

```
# include < stdio. h >
void   reverse (int x[],int n)         /* 数组名作形参 */
{   int * p, * q,t;
    for(p = x,q = x + n - 1; p < q; p++,q-- )
      {t = * p;  * p = * q; * q = t;}
}
void main()
```

```
    {   int i,a[10], * pa;
        printf("请输入 10 个整数: ");
        for(i = 0;i < 10;i++)
            scanf(" % d",&a[i]);
        pa = a;
        reverse(pa,10);                         /* 指针作实参 */
        printf("逆序后: ");
        for(i = 0;i < 10;i++,pa++)
            printf(" % 4d ", * a);
    }
```

实参 pa 是指针变量,形参 x 是数组。先使 pa 指向数组 a,pa 的值为 $\&a[0]$,然后将 pa 值传递给 x,x 的初始值也是 $\&a[0]$,通过 x 变化也可访问数组 a 的任一个元素。

【例 6-19】 用选择法对 10 个整数从小到大排序,排序部分用函数实现,用指针作为函数的参数。

程序代码:

```
# include < stdio. h >
void sort(int * x,int n)                    /* 指针作形参,实现排序 */
{ int i,j,k,t;
  for(i = 0;i < n - 1;i++)
    {
        k = i;
        for(j = i + 1;j < n;j++)
            if(x[j]< x[k])    k = j;
        if(k!= i)
            {t = x[i];x[i] = x[k];x[k] = t;}
    }
}
void main()
{int * p,i,a[10] = {19,7,9,18,10,6,5,15,14,2};
  printf("排序前的数组:\n");
  for(p = a;p < a + 10;p++)
    printf(" % 4d", * p);
  printf("\n");
  p = a;
  sort(p,10);
  printf("排序后的数组:\n");
  for(p = a,i = 0;i < 10;i++,p++) printf(" % 4d", * p);
  printf("\n");
}
```

运行结果:

排序前的数组:
19 7 9 18 10 6 5 15 14 2
排序后的数组:
 2 5 6 7 9 10 14 15 18 19

【例 6-20】 用字符指针变量作为参数求字符串的长度。

程序代码：

```
# include <stdio.h>
int len(char * pc)                    /* 字符指针变量作参数 */
{ int l = 0;
  while( * pc!= '\0')                 /* 判断字符串结束符 */
  {
    l++;
    pc++;
  }
  retun l;
}
void main()
{ char ch[20];
  printf("请输入字符串：");
  scanf("%s",ch);
  printf("\n 字符串的长度为：%d\n",len(ch));
}
```

运行结果：

请输入字符串：sfdsf↙
字符串的长度为:5

6.4.3 指针作为函数的返回值

在 C 语言中一个函数的返回值类型可以是整型、字符型等，也可以是指针类型，这种返回指针值的函数称为指针型函数。

指针型函数定义的一般形式为：

类型说明符 * **函数名**([形参列表])
{
　　函数体
}

如：

　　int * sum(int a, int b);

sum 是函数名，a 和 b 是形式参数，sum 前面的 * 表示函数的返回值是指针类型，int 表示函数返回值是整型指针。

【例 6-21】 本程序是通过指针函数，求三个整数的最大值。

程序代码：

```
# include <stdio.h>
int * max(int * q1,int * q2,int * q3)
{ int * m;
  m = q3;
  if ( * q1 > = * m)
    m = q1;
```

```
        if ( * q2 >= * m)
          m = q2;
        return m;              /* 返回指向最大值的指针 */
      }
      void main()
      {int a, b, c, * p;
        printf("请输入三个整数：");
        scanf(" % d % d % d",&a,&b,&c);
        p = max(&a,&b,&c);
        printf ("\n最大值: % d\n", * p);
      }
```

运行结果：

请输入三个整数：3 62 9↙
最大值：62

程序说明：

① 函数 int * max(* q1, * q2, * q3)的三个参数是指针变量，功能是返回三个指针变量所指元素中最大值的地址。

② 函数调用语句 p=max(&a,&b,&c);是将 a、b、c 的地址分别传给形参指针 p1、p2、p3，计算后指针 m 指向最大值元素。

6.4.4 指向函数的指针变量

可以用指针变量指向整型变量、字符串、数组，也可以指向一个函数。通常一个函数占用一段连续的内存区，函数名就是该函数所占内存区的入口地址。指向函数的指针（简称函数指针）的作用是存放函数的入口地址，使该指针变量指向该函数，然后通过指针变量调用这个函数。

函数指针变量定义的一般形式为：

类型说明符（* 指针变量名）( );

如：

int (* pf)();

(* pf)表示定义了一个指针变量，int 表示函数返回值是整型，最后的空括号表示指针变量所指的是一个函数，即 pf 是一个指向函数入口地址的指针变量，该函数的返回值是整型。

【例 6-22】 本例用来说明用指针形式实现对函数调用的方法。

程序代码：

```
# include <stdio.h>
int max( int a, int b)
{ if(a>b)
    return a;
  else
    return b;
```

```
    }
    void main()
    { int x,y,m;
      int(*p)();                    /* 定义p为指向一个返回值为整型的函数指针 */
      p = max;                      /* 给p赋值,使其指向函数max */
      printf("请输入两个数:\n");
      scanf("%d%d",&x,&y);
      m = (*p)(x,y);                /* 通过p调用函数max */
      printf("max = %d",m);
    }
```

运行结果：

请输入两个数:45 7 ↙
max = 45

程序说明：

① 语句 int（*p）（）;表示定义指针变量p为函数指针变量,函数的返回值为整型。

② 语句 p=max;表示把被调函数的入口地址（函数名）赋予函数指针变量p,可以理解为指针p指向了函数max。

③ 语句 m=（*p）（x,y）;表示通过函数指针变量调用函数max。

函数的参数可以是变量、指向变量的指针、数组名、指向数组的指针等,指向函数的指针也可以作为函数的参数,以实现函数地址的传递,这样就能够在被调用的函数中使用实参函数。

【例6-23】 函数指针作为函数参数。

程序代码：

```
    #include <stdio.h>
    int max(int a,int b)              /* 求两个数的最大值函数 */
    { if(a>b)
         return a;
      else
         return b;
    }
    int min(int a,int b)              /* 求两个数的最小值函数 */
    {
      if(a<b)
         return a;
      else
         return b;
    }
    int mm(int (*p)(),int a,int b)    /*指向函数的指针作为函数的参数*/
    {
      return (*p)(a,b);
    }
    void main()
```

```
{ int x,y,m,n;
  int ( * p)();                    /* p为指向一个返回值为整型的函数指针 */
  printf("请输入两个整数: ");
  scanf("%d%d",&x,&y);
  p = max;                         /* p指向函数 max */
  m = mm(p,x,y);                   /* p作为函数 mm 的参数,实现调用函数 max */
  p = min;                         /* p指向函数 min */
  n = mm(p,x,y);                   /* p作为函数 mm 的参数,实现调用函数 min */
  printf("max = %d,min = %d",m,n);
}
```

运行结果:

请输入两个整数: 45 6 ↵
max = 45,min = 6

程序说明:函数指针变量和指针型函数这两者在写法和意义上是完全不同的,例如:
① int(* p)()是一个变量说明,说明 p 是一个指向函数的指针变量,该函数的返回值是整型量。
② int * p()是函数说明,说明 p 是指向返回值为整型函数的指针。

6.5 指针数组与指向指针的指针

数组元素可以是整型、实型等,指针也可以作为数组元素,若一个数组是某类型指针的集合,称此数组为指针数组。指针可以指向整型变量、实型变量等,指针也可以指向指针变量,称为指针的指针。下面分别介绍指针数组和指针的指针。

6.5.1 指针数组

一个数组,其元素均为指针称为指针数组。指针数组中的每一个元素都是一个指针变量。指针数组的所有元素必须是具有相同存储类型和指向相同数据类型的指针变量。
指针数组说明的一般形式为:

类型说明符 *数组名[数组长度]

例如:

int * p[10];

表示 p 是一个指针数组,它有 10 个数组元素 $p[0],p[1],\cdots,p[9]$,每一个元素都是一个整型指针,都可以指向一个整型内存单元。
指针数组比较适合用来指向若干个字符串,这时指针数组的每个元素被赋予了一个字符串的首地址。用指针数组指向字符串,使字符串处理更加方便灵活。

【例 6-24】 输入 4 本书的英文名字,按字母顺序升序排列后输出。
程序代码:

```c
#include <stdio.h>
#include <string.h>
void sort(char *book[],int n)                           /* 排序函数,指针数组作形参 */
{ char *p;
  int i,j,k;
  for(i=0;i<n-1;i++)
  {
    k=i;
    for(j=i+1;j<n;j++)
      if(strcmp(book[k],book[j])>0)                     /* 比较两个字符串大小 */
        k=j;
    if(k!=i)
    {
      p=book[i];
      book[i]=book[k];
      book[k]=p;
    }
  }
}
void output(char *book[],int n)                         /* 输出函数,指针数组作形参 */
{ int i;
  for (i=0;i<n;i++)
    printf("%s\n",book[i]);
}
void main()
{ char *book[]={"C Progamming", "JAVA", "FORAN", "BASIC"};
  int n=4;
  sort(book,n);
  output(book,n);
}
```

运行结果：

```
BASIC
C Progamming
FORAN
JAVA
```

程序说明：

① 函数 sort 完成字符串排序,其形参为指针数组 book,即为待排序的各字符串数组的指针,形参 n 为字符串的个数。

② 函数 output 完成字符串输出,其形参与 sort 函数的形参相同。

③ 主函数 main 中,定义了指针数组 book 并作了初始化赋值。然后分别调用 sort 函数和 output 函数完成排序和输出。sort 函数中,采用了 strcmp 函数比较两个字符串,strcmp 函数的参数 book[k] 和 book[j] 均为指针变量。字符串比较后需要交换时,只交换指针数组元素的值,而不交换具体的字符串,这样将大大减少时间开销,提高运行效率,具体过程如图 6-7 所示。

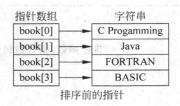 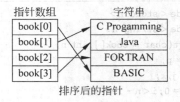

图 6-7 字符串排序

6.5.2 指向指针的指针

指针变量本身与其他变量一样也占用某个内存单元,这个内存单元也有地址。同样地,也可能让某个指针指向这个地址。下面介绍指向指针变量的指针变量,简称指向指针的指针。

指向指针型指针变量说明的一般形式为

类型说明符 ** 变量名

例如:

char ** p;

p 前面有两个"*"号,相当于 *(*p)。显然 *p 是指针变量的定义形式,如果没有最前面的"*",那就是定义了一个指向字符数据的指针变量。现在它前面又有一个"*"号,表示指针变量 p 是指向一个字符型指针变量的。

【例 6-25】 使用指向指针的指针输出字符串。

程序代码:

```
#include <stdio.h>
void main()
{   char * book[] = {"C Progamming","Java ","FORTRAN","BASIC"};
    char ** p;
    int i;
    p = book;
    for(i = 0;i < 4;i++)
      printf(" % s\n", * p++);
}
```

运行结果:

C Progamming
Java
FORTRAN
BASIC

程序说明:

① 程序中定义了字符指针数组 book 并进行了初始化,语句 char ** p;定义了指向字符指针变量的指针变量 p,语句 p=book;使指针变量 p 指向了字符指针数组 book。

② 语句 printf("%s\n", * p++);首先输出 *p 所指向的字符串,然后 p=p+1,指针

向下移动,指向下一个字符串。

本章小结

(1) 指针数据类型的小结。

有关指针数据类型的小结,为了便于比较归纳出表 6-1。

表 6-1　指针数据类型总结

定　　义	说　　明
int *p;	p 为指向整型数据的指针变量
int *p[n];	定义指针数组 p,它由 n 个指向整型数据的指针元素组成
int (*p)[n];	p 为指向含 n 个元素的一维数组的指针变量
int *p();	p 为带回一个指针的函数,该指针指向整型数据
int (*p)();	p 为指向函数的指针,该函数返回一个整型值
int **p;	p 是一个指针变量,它指向一个指向整型数据的指针变量

(2) 指针运算,主要讲述了①指针变量赋值;②指针变量与一个整数的加减运算;③两个指针变量可以做减法运算;④两个指针变量可以比较大小。

(3) 指针与数组主要讲述了指向一维数组、二维数组和字符数组的指针。

(4) 指针与函数,主要讲述了指针作为函数参数和返回值以及指向数组的指针作为函数的参数。

(5) 介绍了指针数组和指向指针的指针。

习题 6

以下题目均用指针实现:

6-1　从键盘输入 10 个整数,输出大于平均值的数。

6-2　交换数组 a 和数组 b 中对应的元素。

6-3　将 n 个数按输入时顺序的逆序存放并输出。

6-4　写一函数,将一个 3×3 矩阵转置。

6-5　有一个字符串包含 n 个字符。写一函数,将此字符串从第 m 个字符开始的全部字符复制到另一个字符串中。

6-6　将一个 5×5 矩阵的最大元素放在中心位置。

6-7　有一个一维数组 a,编一函数实现交换数组中指定的两个元素的值,指针作函数的参数。

6-8　输入一行文字,找出其中字母、数字及其他字符各有多少,字符指针作函数参数。

6-9　有 15 个数按由小到大的顺序放在一个数组中,输入一个数,要求用折半查找法找出该数是数组中的第几个元素值。若该数不在数组中,则输出"无此数"。

6-10　在主函数中输入 10 个字符串,编写一函数对它们进行排序,在主函数中输出排序后的结果。

第7章 构造数据类型

在前面介绍的数据类型（整型、字符型、实型等）都包含一种类型的数据，即使是数组也只能包含多个同一种类型的数据。在实际应用中，有时需要这样一种数据类型：一个数据集合由不同的数据类型组成。例如，要存储一个员工的信息，需要存储员工的职工号、姓名、性别、年龄、电话等信息，这样的实体是难以用数组表达的。为了方便解决此类问题，C语言中允许用户自己指定这样一种数据结构，称为结构体类型。本章主要介绍结构体类型的定义、结构体变量的说明和使用、结构体与数组、结构体与指针和链表等问题，并简单介绍了共用体类型和枚举类型的概念。通过本章的学习，读者将了解和掌握以下有关构造数据类型的知识：

本章要点

➢ 掌握结构体类型、结构体变量、结构体数组的定义和使用。
➢ 掌握结构体类型指针的概念和使用。
➢ 掌握结构体类型作为函数的参数和返回值的使用。
➢ 掌握共用体类型、共用体变量的定义和使用。
➢ 了解枚举类型的定义和使用。

7.1 结构体数据类型

在日常生活中，往往需要将一组不同类型的数据统一来进行处理。例如，仍以员工为例来介绍，要管理员工的职工号（整型）、姓名（字符型）、性别（字符型）、年龄（整型）、电话号码（长整型）、工资（实型）等，这些数据属于一个整体。为了方便这种复合数据的处理，C语言引入了一种新的构造数据类型——结构体。在实际应用中，结构体类型由用户根据需要进行定义。结构体与数组的含义如图7-1所示。

职工号 整型	姓名 字符型	性别 字符型	年龄 整型	电话号码 长整型	工资 实型
2014001	张三	男	39	4562456	3366.00
2014002	李四	男	32	4567898	3000.00
2014003	李云	女	29	4578912	2890.00

行（结构体）　　　　　　　　　　　　　　　　　列（数组）

图7-1 结构体与数组的含义

7.1.1 结构体类型的定义

"结构体"是一种构造数据类型,由若干的数据项组成,每一个数据项都属于一种已有定义的类型,每一个数据项称为一个结构体的成员。其中每一个成员可以是一个基本数据类型也可以是一个构造类型。结构体类型不像整型那样已由系统定义好了,可以直接用来定义整型变量。使用结构体之前必须根据程序设计的需要先"构造"它,然后再用它定义相应的变量。

结构体类型定义的一般形式为

```
struct 结构体名
{
   类型说明符 1 成员名 1;
   类型说明符 2 成员名 2;
    ⋮
   类型说明符 n 成员名n;
};
```

说明:

① struct 是 C 语言中的关键字,指明后面出现的标识符是一个用户定义的结构体类型的名字。

② 花括号"{}"是结构体类型的定界符,结构体的定义要以";"号结束,它们是结构体类型定义时不可缺少的组成部分。

③ 花括号中给出该结构体包含的成员。每个成员都是该结构体类型的一个组成部分,每个成员应标明具体的数据类型,可以是任意的数据类型,而且可以是该结构体本身。

```
struct employee
 {
    long no;
    char name[15];
    char sex[4];
    int age;
    long phone;
    float salary;
 };
```

在这个结构体定义中,employee 为结构体名,no、name、sex、age、phone 和 salary 为该结构体的 6 个成员。其中 no 为整型变量;name 为字符数组;sex 为字符数组;age 为整型变量;phone 为长整型变量;salary 为实型变量。一般情况下,结构体名称用有一定意义的单词或单词的缩写组合作为结构体的名称。

同一结构体类型内的成员名不能相同,但是不同结构体类型间的成员可以重名。

7.1.2 结构体类型变量的定义

只有先完成结构体类型的定义,才可以定义此类型的变量。以结构体 employee 为例,凡定义为结构体 employee 的变量都由上述 6 个成员组成,这相当于将 no、name、sex、age、 phone 和 salary 这 6 个数据打包，统一管理。成员名可以与程序中的变量名相同，两者互不干扰。

定义了结构体之后，便可以在此基础上定义变量了。结构体变量定义有以下三种方法。

1. 分别定义结构体类型和结构体变量

例如：上面定义了结构体类型 employee，之后可以在此基础之上定义变量。

```
struct employee
{
    long no;
    char name[15];
    char sex[4];
    int age;
    long phone;
    float salary;
};
struct employee emp1,emp2;
```

在上面的定义中，emp1 和 emp2 两个都是 employee 结构体类型的变量。struct employee 表示类型名，如同定义实型变量 float a,b;，其中 float 是类型名一样。

定义变量之后，系统会为它们分配内存单元，结构体类型所占有的内存单元的大小是所有成员变量所占内存单元的总和。

2. 同时定义结构体类型和结构体变量

在定义结构体类型的同时还可以定义结构体变量，例如：

```
struct employee
{
    long no;
    char name[15];
    char sex[4];
    int age;
    long phone;
    float salary;
}emp1,emp2;
```

这种结构体变量定义的形式是第一种形式的简化形式。在定义结构体类型 employee 的同时，定义两个 struct employee 类型的变量 emp1 和 emp2。如果有必要还可以以第一种形式再定义其他变量。

例如：

```
struct employee emp3;
```

3. 直接定义结构体类型的变量

这种定义形式省略了结构体名，例如：

```
struct
```

```
    {
        long no;
        char name[15];
        char sex[4];
        int age;
        long phone;
        float salary;
    }emp1,emp2;
```

在上面的 employee 结构体定义语句后面无法再定义该结构体类型的其他变量,除非把定义过程重写一遍。因此,为了提高程序的可维护性,通常不建议采用省略结构体名的定义形式。

所有的成员都是基本数据类型或数组类型。实际上成员也可以又是一个结构体类型,例如:

```
struct date
{
    int year;
    int month;
    int day;
};
struct employee
{
    long no;
    char name[15];
    char sex[4];
    int age;
    long phone;
    float salary;
    struct date birthday;       /* birthday 为结构体类型 */
}emp1,emp2;
```

本例中首先定义一个结构体 date,包含 year、month、day 三个成员。在结构体 student 中增加一个结构体成员 birthday,用于描述员工的出生日期,成员 birthday 是 date 类型,date 类型也是一个结构体类型。

请读者注意类型与变量是不同的两个概念,只能对变量赋值、存取或运算,而不能对类型赋值、存取或运算,编译时对类型不会分配内存空间,只对变量分配内存空间。

7.1.3 结构体变量的初始化

如果结构体变量是外部变量或为静态变量,则可对它作初始化赋值,即结构体变量在定义时进行赋值。对局部或自动结构体变量不能作初始化赋值。

【例 7-1】 结构体变量初始化。
程序代码:

```
# include < stdio.h >
struct employee                     /* 结构体定义 */
```

```c
    {
       long no;
       char name[15];
       char sex[4];
       int age;
       long phone;
       float salary;
    };
struct employee emp1 = {123,"Zhang Yu","女",30,5564545,2850.5};
void main()
{  printf("学号 = % ld\t 姓名 = % s\n",emp1.no,emp1.name);
   printf("性别 = % s\t 年龄 = % d\t 电话 = % ld\n 工资 = % f\n",emp1.sex,
           emp1.age,emp1.phone,emp1.salary);
}
```

运行结果：

学号 = 123   姓名 = Zhang Yu
性别 = 女   年龄 = 30   电话 = 5564545   工资 = 2850.500000

程序说明：

① emp1 被定义为外部结构体变量，并对 emp1 作了初始化赋值。
② 然后用两个 printf 语句输出 emp1 各成员的值。

【例 7-2】 静态结构体变量初始化。

程序代码：

```c
# include < stdio. h >
void main()
{  static struct employee            /* 定义静态结构体变量 */
    {
       long no;
       char name[15];
       char sex[4];
       int age;
       long phone;
       float salary;
    }emp1 = {123,"Zhang Yu","女",30,5564545,2850.5};
    printf("学号 = % ld\t 姓名 = % s\n",emp1.no,emp1.name);
    printf("性别 = % s\t 年龄 = % d\t 电话 = % ld\t 工资 = % f\n",emp1.sex,
           emp1.age,emp1.phone,emp1.salary);
}
```

运行结果：

学号 = 123   姓名 = Zhang Yu
性别 = 女   年龄 = 30   电话 = 5564545   工资 = 2850.500000

程序说明：

① emp1 被定义为结构体变量,并作了初始化赋值。
② 不允许直接对结构体变量赋予一组常量。
例如:

```
emp1 = {123,"Zhang Yu","女",30,5564545,2850.5};
```

③ 如果结构体成员中包含结构体变量,则初始化时要对其各个成员赋以初值。
例如:

```
struct date
{
    int year;
    int month;
    int day;
};
struct employee
{
    long no;
    char name[15];
    char sex[4];
    int age;
    struct date birthday;
    float salary;
}emp1 = {123,"Zhang YU","女",30,1980,5,12,2850.5};
```

7.1.4　结构体变量成员的引用

定义了结构体变量以后,就可以引用这个变量,引用时需要注意以下几点。
(1) 在程序中使用结构变量时,往往不把它作为一个整体来使用。
例如不能这样引用:

```
scanf("%ld,%s,%s,%d,%ld,%f",&emp1);
printf("%ld,%s,%s,%d,%ld,%f",emp1);
```

而应当这样引用:

```
printf("%ld,%s,%s,%d,%ld,%f",emp1.no,emp1.name,
       emp1.sex,emp1.age,emp1.phone,emp1.salary);
```

只能对结构体的成员变量进行输入和输出,引用结构体变量中成员变量的一般形式为:

<结构体变量名>.<成员名>

其中".."是成员运算符,它在所有的运算符中优先级最高。
例如:

```
emp1.no              /*员工的职工号*/
emp1.name            /*员工的姓名*/
```

(2) 如果成员本身又是一个结构体类型,则应该用若干个"."一级一级地找到最低级的成员,而且只能对最低的成员进行赋值或者运算操作。

例如：

emp1.birthday.year
emp1.birthday.month
emp1.birthday.day

(3) 结构体变量可以整体引用来赋值。

例如：已定义了结构体变量 emp1，并且进行了初始化。

```
struct employee
{
    long no;
    char name[15];
    char sex[4];
    int age;
    long phone;
    float salary;
}emp1 = {123,"Zhang Yu","女",30,5564545,2850.5};
```

令 emp2＝emp1，即将变量 emp1 的所有成员的值一一赋给变量 emp2。但必须保证两个结构体变量的类型完全一致。

(4) 结构体成员变量可以像引用普通变量一样进行赋值和运算。

例如：

```
emp.no = 123;
emp1.name = "Zhang Yu";
emp1.age++;
k = emp1.salary - emp2.salary;
```

【例 7-3】结构体变量的引用。

程序代码：

```
#include <stdio.h>
void main()
{   struct date
    {
        int year;
        int month;
        int day;
    };
    struct employee
    {
        long no;
        char name[15];
        char sex[4];
        int age;
        struct date birthday;
        float salary;
    }emp2,emp1 = {123,"Zhang YU","女",30,1980,5,12,2850.5};
    emp2 = emp1;
    emp2.age++;
    printf("学号 = %ld\t 姓名 = %s\t",emp2.no,emp2.name);
```

```
        printf("生日 = %d- %d- %d\n",emp2.birthday.year,
                emp2.birthday.month,emp2.birthday.day);
        printf("性别 = %s\t 年龄 = %d\t 工资 = %.2f\n",emp2.sex,
                emp2.age,emp2.salary);
    }
```

运行结果：

学号 = 123　　姓名 = Zhang Yu　　生日 = 1980 - 5 - 12
性别 = 女　　　年龄 = 30　　　　 工资 = 2850.50

两个相同类型的结构体变量之间是可以直接赋值的,如本例中的 emp2＝emp1；。

7.2 结构体数组

一个结构体变量可以存放由该结构体类型所定义的一个结构体类型的数据。例如在例 7-3 中,结构体变量 emp1 存储的是一个员工的信息。定义变量 emp1 和 emp2 可以存储两个员工的信息,但是一个部门可能有很多的员工,如果每一个员工定义一个变量不太现实,处理起来也不方便。从理论上讲这种方法是可以的,但显然这不是一个好办法,为了方便处理若干个员工的信息,可以使用结构体数组。结构体数组中每个元素都是一个结构体类型的数据。

在实际应用中,经常用结构体数组来表示具有相同数据结构的一个数据集合。如一个部门员工的信息等。

7.2.1 结构体数组的定义

结构体数组的定义方法和结构体变量的定义方法相同,可以采用三种方法定义结构体数组。

(1) 定义结构体类型,然后通过结构体类型来定义结构体数组。

例如对于 50 名员工的档案信息表,可以定义以下的结构体数组。

```
struct employee
{
    long no;
    char name[15];
    char sex[4];
    int age;
    long phone;
    float salary;
};
struct employee emps[50];
```

在上面的定义中,emps 有 50 个元素,每一个元素都是 employee 结构体类型。

(2) 同时定义结构体类型和结构体数组。

在定义结构体类型的同时还可以定义结构体数组,例如：

```
struct employee
{
    long no;
    char name[15];
    char sex[4];
    int age;
    long phone;
    float salary;
}emps[50];
```

（3）直接定义结构体数组而不用定义结构体类型名。

这种定义形式省略了结构体名，例如：

```
struct
{
    long no;
    char name[15];
    char sex[4];
    int age;
    long phone;
    float salary;
}emps[50];
```

7.2.2 结构体数组的初始化

结构体数组可以在定义时初始化，将每个数组元素的数据用花括号"{}"括起来。
例如：

```
struct employee
{   char    name[15];
    int     age;
    int     c1, c2;
};
struct employee st[3] = { {"Mary",25,86,78},
                          {"Alex",21,88, 75},
                          {"Mike",23,89,96}
                        };
```

当对全部元素作初始化赋值时，也可不给出数组长度。各个元素在内存中的存储形式如图 7-2 所示。

st[0]	Mary	25	86	78
st[1]	Alex	21	88	75
st[2]	Mike	23	89	96

图 7-2 结构体数组元素在内存中的存储形式

说明：

① 如果对于数组中的元素全部赋值，长度可省。

```
struct student st[ ] = { {"Mary",25,86,78},
```

```
                       {"Alex",21,88,75},
                       {"Mike",23,89,96}
                      };
```

② 可部分赋初值。

```
struct   student   st[3] = {{"Mary",25,86,78}};
struct   student   st[3] = {{"Mary",25,86,78},
                            {0},
                            {"Mike",23, 89, 96}
                           };
```

③ 内层括号可省略。

```
struct student st[3] = {"Mary",25,86,78, "Alex",21,88,75,
                        "Mike",23,89,96};
```

7.2.3 结构体数组的引用

结构体数组的引用类似于结构体变量的引用,只是用结构体数组元素来代替结构体变量,如第一个员工的个人信息:

```
emp[0].no
emp[0].name
emp[0].sex
emp[0].age
emp[0].phone
emp[0].salary
```

注意：同结构体变量一样,结构体数组元素不能整体地输入输出,只能以单个成员为对象进行输入输出。

【例 7-4】 有三名候选人,编号分别为 111、112、113,要求每次输入一个候选人的编号就表示投该候选人一票,编写一个统计选票的程序,输出各候选人的得票情况。

程序分析：
① 定义结构体数组并进行初始化。
② 使用循环,每输入一个人的编号,若与某候选人编号相同,则其票数加一。
③ 统计得票情况并输出。

程序代码：

```
# include < string.h >
# include < stdio.h >
struct candidate
{   int n;                              /*候选人编号*/
    char name[20];
    int count;
}candi[3] = {111,"李",0, 112,"张",0, 113,"范",0};
void main()
{   int i,j,bh;
```

```
        printf("请输入编号:\n");
        for(i = 1;i < = 10;i++)              /*假定选举人有10人*/
        {
           scanf("%d,",&bh);
           for(j = 0;j < 3;j++)
            { if(candi[j].n == bh)
               candi[j].count++;
            }
        }
        printf("\n");
        for(j = 0;j < 3;j++)
        {
                printf("%d\t%s\t%d\n",candi[j].n,candi[j].name,
                    candi[j].count);
        }
    }
```

运行结果：

请输入编号：
111,111,112,113,112,113,111,113,111,111 ↙
111   李   5
112   张   2
113   范   3

程序说明：

① 程序中定义了一个外部结构数组 candi，共三个元素，并进行了初始化赋值。

② 主函数中通过 for 循环与语句 candi[j].count++;逐个累加每个候选人的得票数，最后输出每个候选人的编号、姓名及票数。

7.3 结构体指针

定义了一个结构体类型，就可以定义与之相关的变量和数组，对于结构体数组，它在内存中也是占用一片连续的存储单元，结构体数组名就代表这个连续存储空间的首地址。所以可以把变量的地址和结构体数组的首地址赋给一个指针，这个指针就是指向结构体类型数据的指针。

7.3.1 指向结构体变量的指针

指向一个结构体变量的指针变量称为结构体指针变量。一个结构体变量的指针是该结构体变量所占内存空间的首地址。通过结构体指针即可访问该结构体变量。

结构体指针变量定义的一般形式为

struct 结构体名 * 结构体指针变量名;

例如：

```
struct employee;
{
    long no;
    char name[15];
    char sex[4];
    int age;
    long phone;
    float salary;
}emp1,emp2;
 struct employee * p;
```

注意：结构体指针变量先赋值后才能使用。赋值是把结构体变量的首地址赋予该指针变量。

例如：

`p = &emp1;`

这样 *p* 就真正指向了变量 emp1，在程序中可以通过指针 *p* 来引用变量 emp1 的成员。现在引用成员变量可以有三种形式：

① 结构体变量.成员变量。

② 使用"."运算符。

使用"."运算符访问结构体成员的一般形式为：

(*结构体指针变量).成员名
`(*p).no`   /*员工的职工号*/

③ 使用"->"运算符。

使用"->"运算符访问结构体成员的一般形式为：

结构体指针变量->成员名
`p->name`   /*员工的姓名*/

(*p)两侧的括号不可少，因为成员符"."的优先级高于"*"。如果括号被去掉，*p.no 则等价于 *(p.no)，表示的意义就错误了。

下面通过例子来说明结构指针变量的具体说明和使用方法。

【例7-5】 通过结构体指针输出。

程序代码：

```
#include <stdio.h>
struct employee
{
    long no;
    char name[15];
    char sex[4];
    int age;
    long phone;
    float salary;
}emp1 = {123,"Zhang Yu","女",30,5564545,2850.5}, * p;
```

```
void main()
{   p = &emp1;
    printf("学号 = %ld\t姓名 = %s\n",(*p).no,(*p).name);
    printf("性别 = %s\t年龄 = %d\t电话 = %ld\t工资 = %f\n",(*p).sex,
          (*p).age,(*p).phone,(*p).salary);
    printf("学号 = %ld\t姓名 = %s\n",p->no,p->name);
    printf("性别 = %s\t年龄 = %d\t电话 = %ld\t工资 = %f\n",p->sex,
          p->age,p->phone,(*p).salary);
}
```

运行结果:

学号 = 123　　　姓名 = Zhang Yu
性别 = 女　　年龄 = 30　　电话 = 5564545　　工资 = 2850.500000

学号 = 123　　　姓名 = Zhang Yu
性别 = 女　　年龄 = 30　　电话 = 5564545　　工资 = 2850.500000

程序说明:

① 程序定义了一个结构体 employee,定义了 employee 类型结构体变量 emp1 并作了初始化赋值,还定义了一个指向 employee 类型结构体的指针变量 p。

② 在 main 函数中,p 被赋予了结构体变量 emp1 的地址,因此 p 指向 emp1。然后在 printf 语句内用两种形式输出 emp1 的各个成员值。

③ 从运行结果可以看出:(*结构指针变量).成员名和结构指针变量->成员名这两种形式是完全等价的。

7.3.2　指向结构体数组的指针

指针变量可以指向一个结构体变量,也可以指向一个结构体数组,此时结构体指针变量的值是整个结构体数组的首地址。通过结构体指针变量的移动可以指向结构体数组的任意一个元素。

【例 7-6】 用指针变量输出结构体数组。

程序代码:

```
#include <stdio.h>
struct employee
{
    long no;
    char name[15];
    char sex[4];
    int age;
    long phone;
    float salary;
}emp[5] = {
            {123,"Zhang Yu","女",30,5564545,2850.5},
            {111,"Lin Bing","男",27,3354225,2754.6},
```

```
                {222,"Yang Xue","女",28,3354226,2755},
                {333,"Zeng Qun","男",29,3354227,2833.7},
                {555,"Cao Ting","男",29,3354228,2840.5}
            };
void main()
{   struct employee * p;
    printf("学号\t 姓名\t\t 性别\t 年龄\t 电话\t 工资\t\t\n");
    for(p = emp;p < emp + 5;p++)
      printf("%ld\t%s\t%s\t%d\t%ld\t%.2f\t\n",p->no,p->name,
             p->sex,p->age,p->phone, p->salary);
}
```

运行结果：

```
学号    姓名      性别    年龄    电话        工资
123     Zhang Yu  女      30      5564545     2850.50
111     Lin Bing  男      27      3354225     2754.60
222     Yang Xue  女      28      3354226     2755.00
333     Zeng Qun  男      29      3354227     2833.70
555     Gao Ting  男      29      3354228     2840.50
```

程序说明：
① 程序定义了 employee 结构体类型数组 emp[5]，并对其进行了初始化赋值。
② 在 main 函数内定义 p 为指向 employee 类型的指针变量。
③ 程序通过指针的控制，进行了 5 次循环，输出了结构体数组的元素。

7.4 结构体类型数据在函数中的应用

在程序设计中，常常要将结构体类型的数据传递给一个函数。例如，可以把结构体类型的变量、数组或指针传给函数，函数的返回值也可以是结构体类型。

7.4.1 结构体类型作为函数参数

第 6 章介绍了指针变量可以作为函数参数，结构体数据类型也可以作为函数参数。

【例 7-7】 在 main()函数中，输入一个学生信息，并调用 print()函数输出。

程序代码：

```
#include <stdio.h>
struct  st_type
{   char   num[7];
    char   name[21];
    char   sex;
    int    age;
    float  score;
};
void  print(struct st_type  s)
```

```
    {   printf("学号\t姓名\t\t性别\t年龄\t成绩\n");
        printf("%s\t%s\t%c\t%d\t%f\t\n",s.num,s.name,s.sex,
               s.age,s.score);
    }
    main()
    {   struct st_type   s0;
        printf("请输入姓名:");
        gets(s0.name);
        printf("请输入学号、性别、年龄、成绩(各项用空格分开)\n");
        scanf("%s %c %d %f",s0.num,&s0.sex,&s0.age,&s0.score);
        print(s0);
    }
```

运行结果:

请输入姓名:张三↙
请输入学号、性别、年龄、成绩(各项用空格分开)
101 M 23 90↙
学号   姓名   性别   年龄   成绩
101   张三   M   23   90.000000

程序说明:

① 程序中定义了函数 void print(struct st type s),其形参为结构体类型变量 s。
② s0 被定义为结构体类型变量,并通过 gets(s0.name)和 scanf("%s %c %d %f", s0.num,&s0.sex,&s0.age,&s0.score)两个函数获取 s0 的各成员数据。
③ 语句 print(s0);把 s0 的值传递给结构体变量 s。
④ s0 作实参进行函数调用 printf(struct st_type s);,并输出。

7.4.2 结构体类型作为函数返回值

前面介绍了函数的返回值可以是整型、实型、字符、指针型及无返回值类型等,函数的返回值还允许是结构体类型和结构体指针类型。

【例 7-8】 在 main 函数中定义一个结构体数组,多次调用 input 函数输入各学生的信息,将 input()函数返回值赋给结构体数组元素,再多次调用 print 函数输出。

程序分析:

① 定义结构体数组。
② 编写输入函数 input(),并通过函数调用来获取学生的信息,并通过循环为结构体数组初始化。
③ 在主函数中调用 print()函数,输出结果。

程序代码:

```
#include<stdio.h>
struct st_type
{
    char num[7];
```

```
        char name[21];
        char sex;
        int age;
        float   score;
    };
    struct st_type input()
    {
        struct st_type s0;
        printf("请输入姓名：");
        gets(s0.name);
        printf("请输入学号、性别、年龄、成绩(各项用空格分开)\n");
        scanf("%s %c %d %f",s0.num,&s0.sex,&s0.age,&s0.score);
        getchar();
        return  s0;
    }
    void print(struct st_type s0)
    {   printf("%-9s%-8s%-5s%-5s%-5s\n","学号","姓名",
            "性别","年龄","成绩");
        printf("%-9s",s0.num);
        printf("%-8s", s0.name);
        printf("%-5c", s0.sex);
        printf("%-5d", s0.age);
        printf("%-8.2f\n", s0.score);
    }
    main()
    {   int i;
        struct st_type s[2];
        for(i=0;i<2;i++)
            s[i] = input();
        for(i=0;i<2;i++)
            print(s[i]);
    }
```

运行结果：

请输入姓名：张三✓
请输入学号、性别、年龄、成绩(各项用空格分开)
101 M 23 90 ✓
请输入姓名：李四✓
请输入学号、性别、年龄、成绩(各项用空格分开)
102 F 21 88 ✓

学号	姓名	性别	年龄	成绩
101	张三	M	23	90.00
102	李四	F	21	88.00

程序说明：

① 程序中定义了函数 void print(struct st_type s0)，其形参为结构体类型变量 s0。

② s0 被定义为结构体类型变量，struct st_type input()函数中的 return s0 语句作为该函数的返回值，返回结构体变量各成员的数据。

③ 主函数中的 s[i]=input();语句调用 struct st_type input()函数接收输入数据并赋值给 s[i]。

④ 结构体数组 s[i]作实参调用函数 printf(struct st_type s0);并输出。

7.5 链表

前面介绍的各种基本类型和组合类型的数据都属于静态数据结构,它们所占存储空间的大小在程序的说明部分就已经确定,如变量、数组、结构体等,在程序的执行过程中不能改变。链表作为一种常用的、能够实现动态存储分配的数据结构,是在程序的执行过程中动态建立起来的,故这种数据结构的规模大小在程序执行期间可动态地变化。利用动态数据结构可以解决一些静态数据结构难以解决的问题。如想在数组中插入或删除一个元素就比较困难,而动态数据结构就能方便地解决这类问题。

7.5.1 动态存储分配

在 C 语言中不允许动态定义数组类型,也就是说数组的长度一旦定义是不可以改变的。但是在实际的应用中,有些问题的数据量的大小无法预先确定,并且在程序运行过程中数据的个数是动态改变的,为了解决此类问题,C 语言提供了一些内存管理函数,这些内存管理函数可以按需要动态地增加或减少内存空间。C 语言中提供了 4 个有关动态存储分配的函数,即 malloc( )、calloc( )、free( )和 realloc( )。

常用的两个函数是 malloc( )和 free( )。

1. 分配内存空间函数 malloc()

函数原型:

void * malloc(unsigned size)

功能:执行成功时,系统会为程序分配一块长度为 size 字节的连续存储区。函数的返回值为该区域的首地址。如果申请失败(如内存大小不够用),返回空指针 NULL。

说明:

① malloc()函数返回类型是 void *,给其他类型指针赋值时,必须进行强制类型转换。

② size 表示申请字节的大小,并不表示所申请的存储区内存储的数据类型。因此,malloc()函数经常和 sizeof()一起使用,通过"长度 * sizeof(类型)"的方式给出申请内存的长度。

例如:

int * p = (int *)malloc(3 * sizeof(int));

系统将分配三个能存储 int 数据的内存空间,并把存储区的首地址赋予指针变量 p。

2. calloc 函数

函数原型:

```
void * calloc(unsigned n, unsigned size)
```

功能：在内存中分配 n 个长度为 size 的连续空间。若执行成功，函数的返回值为该区域的首地址，若不成功，返回 NULL。

说明：

① calloc()函数返回类型是 void *，给其他类型指针赋值时，必须进行强制类型转换。

② calloc()函数需要两个参数以指定申请存储区的大小，参数 size 表示对象所占的内存字节数，n 表示对象的个数。

3. 释放内存空间函数 free()

函数原型：

```
void free(void * p);
```

功能：释放 p 所指向的一块连续内存存储空间，p 指向被释放区域的首地址。被释放区必须是由 malloc 或 calloc 函数所分配的区域。

说明：

① p 所指向的内存空间必须是在此之前用 malloc() 或 calloc() 函数所分配的内存空间，否则可能会导致错误。将释放多大的内存空间，则由调用 malloc 函数时的参数 size 决定。

② free() 函数没有返回值。

7.5.2 链表的操作

C 语言中动态内存管理函数的引入提高了系统内存的使用效率，链表是实现动态内存分配的解决方案，它在程序的执行过程中根据需要向系统要求申请存储空间，使用结束就释放内存空间，绝不构成对存储区的浪费。链表是一种复杂的数据结构，其数据之间的相互关系使链表分成三种：单链表、循环链表、双向链表。本节主要介绍单链表的建立、插入、删除等操作。

1. 链表结构

链表是可以动态地进行存储分配的一种数据结构，它是由一组动态数据链接而成的序列。

1) 头指针变量 head

单链表中每个节点的存储地址是存放在其前驱节点的指针域中的，而开始节点无前驱，故应设头指针 head 指向链表的首节点。

2) 节点

链表中的每一个元素称为一个节点。从第一个节点往后的每个节点都分为两个域：一个是数据域，存放节点本身的信息；另一个是指针域，指向后继节点的指针，存放下一节点的起始地址。最后一个节点的指针域置"NULL（空）"，作为链表结束的标志，如图 7-3 所示。

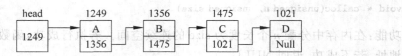

图 7-3　链表结构示意图

2. 对链表的基本操作

对链表的基本操作有：建立、插入、删除等。

1）建立链表

建立是指从无到有地建立起一个链表，即往空链表中依次插入若干节点，并保持节点之间的前驱和后继关系。

2）插入节点

插入节点是指在节点 k_{i-1} 与 k_i 之间插入一个新的节点 k'，使链表的长度增 1，且 k_{i-1} 与 k_i 的逻辑关系发生以下变化：插入前，k_{i-1} 是 k_i 的前驱，k_i 是 k_{i-1} 的后继；插入后，新插入的节点 k' 成为 k_{i-1} 的后继、k_i 的前驱。

3）删除节点

删除节点 k_i，使链表的长度减 1，且 k_{i-1}、k_i 和 k_{i+1} 之间的逻辑关系发生以下变化：删除前，k_i 是 k_{i+1} 的前驱、k_{i-1} 的后继；删除后，k_{i-1} 成为 k_{i+1} 的前驱，k_{i+1} 成为 k_{i-1} 的后继。

如建立一个学生学籍管理系统，有一个学生就分配一个节点，节点之间的联系用指针来实现，如果某学生退学，可删去该节点，并释放该节点占用的存储空间。

【例 7-9】 建立一个两个节点的链表，存放学生数据。

程序分析：

① 定义链表节点的数据结构。

② 建立表头。

③ 利用 malloc 函数向系统申请节点空间。

④ 对新节点赋值，将新节点的指针域赋为 NULL，若是空表就将新节点连接到表头，否则将新节点连接到表尾。

⑤ 若有后续节点则转到③，否则结束。

程序代码：

```
# include <stdio.h>
# include <stdlib.h>
struct student
{
    long no;
    char name[15];
    char sex;
    int age;
    float score;
    struct student * next;
};
struct student * create(struct student * head,int n)
```

```c
{   struct student *p1,*p2;
    int i;
    p2 = (struct student *)malloc(sizeof (struct student));
    /*建立第一个节点*/
    printf("请输入学生数据:\n");
    scanf("%ld %s %c %d %f",&p2->no,p2->name,&p2->sex,
          &p2->age,&p2->score);
    p1 = head = p2;         /*头节点 head 和 p1 指向第一个节点,p1 标记前驱节点*/
    p2->next = NULL;
    for(i=1;i<n;i++)        /*若 n 为要创建节点个数,则还有 n-1 个节点需要创建*/
    {
        p2 = (struct student *)malloc(sizeof (struct student));
        printf("请输入学生数据:\n");
        scanf("%ld %s %c %d %f",&p2->no,p2->name, &p2->sex,
              &p2->age,&p2->score);
        p2->next = NULL;
        p1->next = p2;      /*新创建的节点链接到它的前驱节点上,即 p1 所指节点*/
        p1 = p2;
    }
    return(head);
}
void print(struct student *h)
{   struct student *t = h;
    while(t!= NULL)
    {
        printf("\n%ld,%s,%c,%d,%.2f\n",t->no,t->name,t->sex,
               t->age,t->score);
        t = t->next;
    }
}
void main( )
{   struct student *head;
    head = NULL;
    head = create(head,2);
    print(head);
}
```

运行结果：

请输入学生数据：
101 张三 M 23 90 ↙

请输入学生数据：
102 李四 F 21 88 ↙

101,张三,M,23,90.00
102,李四,F,21 88.00

程序说明：

① 程序中定义了两个函数 create( )和 print( )。

② 函数 create( ) 的功能是建立有 n 个节点的链表，它是一个指针函数，它的返回值是指向 student 结构体的指针。

③ 函数 print( ) 的功能是输出链表内容，它的形式参数是结构体指针变量，即链表的首地址。

【例 7-10】 创建包含学生的学号、姓名节点的单链表。其节点数任意，表以学号升序排列，以输入姓名为"空"作结束。要求：(1)能够创建链表；(2)插入一个给定学号和姓名的节点；(3)删除一个给定姓名的节点。

程序代码：

```
#include <stdio.h>
#include <string.h>
#include <malloc.h>
struct node                              /*节点的数据结构*/
{
    int num;
    char name[20];
    struct node * next;
};
/* * * * * * * * * 创建链表 * * * * * * * * * * */
void main( )
{   struct node * create( );             /*函数声明*/
    struct node * insert( );
    struct node * delet( );
    void print( );
    struct node * head;
    char str[20];
    int n;
    head = NULL;                         /*做空表*/
    head = create(head);                 /*调用函数创建以 head 为头的链表*/
    print(head);                         /*调用函数输出节点*/
    printf("\n请输入要插入学生的学号,姓名:\n");
    scanf(" %d",&n);                     /*输入学号*/
    gets(str);                           /*输入姓名*/
    head = insert(head,str,n);           /*将节点插入链表*/
    print(head);                         /*调用函数输出节点*/
    printf("\n请输入要删除学生的姓名:\n");
    gets(str);                           /*输入被删姓名*/
    head = delet(head,str);
    print(head);                         /*调用函数输出节点*/
    return;
}
/* * * * * * * * * 创建链表 * * * * * * * * * * */
struct node * create(struct node * head)
{   struct node * p1, * p2;
    p1 = p2 = (struct node *)malloc(sizeof(struct node));
    printf ("请输入学号,姓名(以姓名为空作为结束): \n");
    scanf(" %d",&p1 -> num);
```

```c
        gets(p1->name);
        p1->next=NULL ;
        while(strlen(p1->name)>0)
        {
            if(head==NULL)
            {
                head=p1;
                p1=(struct node * )malloc(sizeof(struct node));
                printf("请输入学号,姓名(以姓名为空作为结束): \n");
                scanf(" % d", &p1->num);
                gets(p1->name);
                p1->next=NULL;
            }
            else
            {
                p2->next=p1;
                p2=p1;    p1=(struct node * )malloc(sizeof(struct node));
                printf("请输入学号,姓名: \n");
                scanf(" % d", &p1->num);
                gets(p1->name);
                p1->next=NULL;
            }
        }
    return head;
}
/* * * * * * * * * * 插入节点 * * * * * * * * * * */
struct node * insert(head,pstr,n)
struct node * head;
char * pstr;
int n;
{   struct node * p1, * p2, * p3;
    p1=(struct node * )malloc(sizeof(struct node));
    strcpy(p1->name,pstr);
    p1->num=n;
    p2=head;
    if(head == NULL)
    {
    head=p1; p1->next=NULL;
    }
    else
    {
        while(n>p2->num&&p2->next!=NULL)
        {
            p3=p2;
            p2=p2->next;
        }
        if(n<=p2->num)
            if(head ==p2)
            {
```

```c
            head = p1;
            p1 -> next = p2;}              /* 插入位置在表首 */
        else
        {
            p3 -> next = p1;
            p1 -> next = p2;
        }                                   /* 插入位置在表中 */
        else
        {
            p2 -> next = p1;
            p1 -> next = NULL ;
        }                                   /* 插入位置在表尾 */
    }
    return(head);
}
/* * * * * * * * * * * 删除节点 * * * * * * * * * */
struct node * delet(head,pstr)
struct node * head;
char * pstr;
{   struct node * temp, * p;
    temp = head ;
    if(head == NULL) printf("\链表为空 \n");
    else
    {
        temp = head;
        while(strcmp(temp -> name,pstr)!= 0 && temp -> next!= NULL)
        /* 定位要删除学生的位置.循环结束两种情况: 1.找到; 2.没找到 */
        {
            p = temp;
            temp = temp -> next;
        }
         if(strcmp(temp -> name,pstr) == 0)    /* 找到删除学生姓名 */
         if(temp == head)
         {
            head = head -> next;
            free(temp);
         }                                   /* 删除位置在表首 */
         else
         {
            p -> next = temp -> next;
            printf("请输入要删除学生的姓名:% s\n",temp -> name);
            free(temp);
         }                                   /* 删除位置在表中或表尾 */
        else
         printf("\n 未找到数据!\n");
         /* 表中没有找到要删除的数据 */
```

```
    }
    return(head);
}
/* * * * * * * *链表各节点的输出* * * * * * */
void print(struct node * head)
{   struct node * temp;
    temp = head;
    printf("\n输出学生数据:\n");
    while(temp!= NULL)
    {
        printf("\n%d--%s\n", temp->num,temp->name);
        temp = temp->next;
    }
    return;
}
```

运行结果:

请输入学号,姓名(以姓名为空作为结束);
101 张三✓
请输入学号,姓名(以姓名为空作为结束);
102 李四✓

输出学生数据:
101 -- 张三
102 -- 李四

请输入要插入学生的学号、姓名:
103 -- 王五✓

输出学生数据:
101 -- 张三
102 -- 李四
103 -- 王五

请输入要删除学生的姓名:王五✓

输出学生数据:
101 -- 张三
102 -- 李四

程序说明:
① 程序中定义了 4 个函数 create()、insert()、delete()和 print()。
② 函数 create()和 print()的功能同例 7-9。
③ 函数 insert()和 delete()分别实现了插入节点和删除节点的操作,并对插入和删除的位置,如表头、表中或表尾分别进行了处理。

7.6 共用体数据类型

共用体又叫联合体,共用体也是将不同数据类型的数据项组成一个整体,但是它与结构体不同,结构体变量所占内存空间的大小是该结构体变量的各成员长度之和。因此,如果结构体的成员较多,会占用较大的存储空间。为了解决存储空间浪费的问题,C 语言提出一种新的构造类型:共用体。在共用体类型中,各成员共享一段内存空间,一个共用体变量的长度等于其各成员中最长成员的长度。

共用体类型的定义形式和结构体的定义形式是相似的,相区别的就是结构体定义的关键字是 struct 而共用体定义的关键字是 union。

1. 共用体数据类型的定义

定义一个共用体类型的一般形式为

```
union 共用体名
{
    类型说明符 1 成员名 1;
    类型说明符 2 成员名 2;
    ⋮
    类型说明符 n 成员名 n;
};
```

例如:

```
union person
{
    int  a;
    char b[15];
};
```

定义的共用体名称为 person,它含有两个成员 a 和 b,a 的数据类型是整型,b 的数据类型是字符型。这两个成员共用一片大小为 15 个字节的内存空间。

2. 共用体变量的定义

定义了共用体类型之后,就可以定义共用体变量了。共用体变量的定义和结构体变量的定义方式相似,也有三种形式。

(1) 分别定义共用体类型和共用体变量。

```
union 共用体名
{
    类型说明符 1 成员名 1;
    类型说明符 2 成员名 2;
    ⋮
    类型说明符 n 成员名 n;
};
union 共用体名 变量名列表;
```

例如：

```
union person
{
    char  a;
    float b;
};
union person m,n;
```

（2）同时定义共用体类型和共用体变量。

```
union 共用体名
{
    类型说明符 1 成员名 1;
    类型说明符 2 成员名 2;
       ⋮
    类型说明符 n 成员名 n;
}变量名列表;
```

例如：

```
union person
{
    char  a;
    float b;
}m,n;
```

（3）直接定义共用体类型的变量。

```
union
{
    类型说明符 1 成员名 1;
    类型说明符 2 成员名 2;
       ⋮
    类型说明符 n 成员名 n;
}变量名列表;
```

例如：

```
union
{
    char  a;
    float b;
}m,n;
```

3．共用体变量的引用

共用体变量引用的一般形式为：

<共用体变量名>.<成员名>

由于共用体变量不同时具有每个成员的值，因此，最后一个赋予它的值就是共用体的值。

例如：

```
union person
{
    char  a;
    float b;
}m,n;
m.a = "赵云";
m.b = 100;
```

共用体变量 m 的 a 成员先被赋予了"赵云"，然后 b 成员又被赋予了 100，最后共用体变量 m 中只存储了成员 b 的值，即 100。

4. 共用体的特点

（1）一个共用体变量虽然可以用来存放多种不同数据类型的成员变量，但每一时刻只有一个变量在起作用，例如：

```
m.a = "赵云";
m.b = 100;
```

在完成以上两个赋值运算后，只有 m.b 是有效的，m.a 不再有效，例如：

```
printf("%f",m.b);            /* 正确的 */
printf("%s",m.a);            /* 错误的 */
```

所以引用共同体变量时应该特别注意当前放的是哪一个成员变量。

（2）共用体变量地址及其各成员地址相同，即 &m，&m.a，&m.b 值相同。

（3）不能对共用体变量名赋值，也不能定义时进行初始化。

（4）不能把共用体变量作为函数参数，也不能使函数返回共用体变量，但可以使用指向共用体类型变量的指针。

（5）允许定义共用体数组。

【例 7-11】 分析程序的运行结果。

程序代码：

```
#include <stdio.h>
union myun                      //定义联合体 myun
{
    struct                      //定义联合体成员变量
    {
        int x,y,z;
    }u;
    int k;
}a;
void main()
{   a.u.x = 4;                  //初始化联合体 a
    a.u.y = 5;
    a.u.z = 6;
```

```
        a.k = 0;
        printf("%d\n",a.u.x);              //输出结果
}
```

运行结果：

0

程序说明：

① 共用体中的成员可以是任何一种数据类型，本例中共用体的一个成员是结构体，因为它是该共用体结构中占用存储空间最大的成员，因此该共用体的空间被该结构体占用的空间为 6 字节。

② 程序最后输出的 a.u.x 的值为 0，但在整个程序中好像除了对它赋过初值后就没有对它进行操作，但为什么又得不到它的初始值 4 呢？那是因为共用体的性质之一就是在同一时刻只有一个元素有效，因此 a.u.x 的值是离输出语句最近一次操作后的值，在本例中即 a.k＝0，所以输出时的值为 0。

7.7 枚举类型

在一些实际问题中，有些变量的取值是确定且有限的，如一个星期有 7 天，一年有 12 个月等，这时可以定义该变量为枚举类型。枚举类型是一种用户自定义类型，在枚举类型的定义中列举出所有可能的取值，也称为枚举元素。用枚举类型声明枚举变量时，只能取列举出的某个值。

（1）枚举类型定义的一般形式为

enum 枚举类型名
{
  枚举值列表
};

其中，enum 是枚举类型的关键字，枚举值列表中的每个元素用","分隔。在 C 语言中枚举元素按常量处理，它们是有值的。

例如：

enum weekday{ Sun,Mon,Tue,Wed,Thu,Fri,Sat};

枚举名为 weekday，枚举值共有 7 个。枚举类型中的每个元素对应一个数值，系统默认从 0 开始。如在 weekday 中，Sun 值为 0，Mon 值为 1，Tue 值为 2，Wed 值为 3，Thu 值为 4，Fri 值为 5，Sat 值为 6。一旦定义了它们的值是不能改变的。

枚举元素的值可以由程序员指定，例如：

enum weekday{ Sun＝7,Mon,Tue,Wed,Thu,Fri,Sat};

以后的元素就依次加 1，如 Mon 的值是 8 等。

（2）枚举变量的定义。

同结构体和共用体变量定义类似，枚举变量的定义有以下三种形式。

① 先定义枚举类型,后定义枚举变量。

其一般形式为:

enum 枚举类型名
{
   枚举值列表
};
enum 枚举类型名 变量名列表

例如:

enum weekday{Sun,Mon,Tue,Wed,Thu,Fri,Sat};
enum weekday a,b;

② 定义枚举类型的同时定义枚举变量。

enum 枚举类型名
{
   枚举值列表
}变量名列表;

例如:

enum weekday{Sun,Mon,Tue,Wed,Thu,Fri,Sat}a,b;

③ 用无名枚举类型定义枚举变量。

其一般形式如下:

enum
{
   枚举值列表
}变量名列表;

例如:

enum {Sun,Mon,Tue,Wed,Thu,Fri,Sat}a,b;

【例7-12】 枚举类型题举例。

程序代码:

```
#include<stdio.h>
void main()
{   enum weekday{Sun,Mon,Tue,Wed,Thu,Fri,Sat}a[7];
    int i;
    a[0] = Sun;
    a[1] = Mon;
    a[2] = Tue;
    a[3] = Wed;
    a[4] = Thu;
    a[5] = Fri;
    a[6] = Sat;
    for(i = 0;i<7;i++)
        printf(" %d ",a[i]);
}
```

运行结果：

0 1 2 3 4 5 6

程序说明：
① 只能把枚举值赋予枚举变量，不能把元素的数值直接赋予枚举变量。

例如：a[0]=Sun；是正确的，而 a[0]=0；是错误的。

如一定要把数值赋予枚举变量，则必须用强制类型转换。

例如：a[2]=(enum weekday)2；其意义是将顺序号为 2 的枚举元素赋予枚举变量，相当于 a[2]=Tue。

② 枚举元素不是字符常量也不是字符串常量，使用时不要加双引号。

例如：a[0]= "Sun"；是错误的。

7.8 类型定义符 typedef

整型、字符型、实型等数据类型是系统定义的简单类型，C 语言提供给用户一种为数据类型起"别名"的方法，可以用 typedef 声明新的类型名来代替 C 中已有的类型名。

typedef 语句的一般形式为

typedef 原类型名　新类型名

1. 简单的类型名称定义

例如：

```
typedef float REAL;
```

一旦定义，则 float 和 REAL 两者是等价的，就可用 REAL 来代替 float 对变量进行定义。

例如：

```
REAL x,y;
```

等价于：

```
float x,y;
```

注意：使用 typedef 定义的数据类型仅是已有数据类型的别名，而不会产生一个新的数据类型。

2. 结构体类型名称定义

例如：

```
typedef struct employee
{
    long no;
    char name[15];
```

```
        char sex[4];
        int age;
}EMP;
```

定义的 EMP 等同于 employee 的结构体类型,然后结构体变量的定义就可以是:

```
EMP stu1,stu2;
```

等价于

```
struct employee emp1,emp2;
```

3. 数组类型定义

例如:

```
typedef char ADDRESS[10];
```

表示 ADDRESS 是字符数组类型,数组长度为 10。然后可用 ADDRESS 进行数组说明,如

```
ADDRESS str1,str2;
```

等价于:

```
char str1[10],str2[10]
```

习惯上常把用 typedef 定义的类型名称用大写字母来表示,以区别于系统定义的标识符。

需要注意的是 typedef 可以重新定义各种类型名,但不能定义变量;typedef 与 #define 有相似之处,但 #define 是由编译预处理完成的,typedef 是在编译时完成的,因此更为灵活方便。使用 typedef 有利于提高程序的通用性、移植性和可读性。

本章小结

（1）结构体和共用体是两种构造数据类型,它们是能把不同类型的数据放在一起作为整体考虑的数据结构。

（2）结构体中的各个成员都占有自己的内存空间,它们是同时存在的。一个结构体变量的长度等于所有结构体成员变量的长度之和。在共用体中,所有成员变量不能同时占用它的内存空间,也就是说它们不能同时存在。共用体变量的长度等于最长的成员变量的长度。

（3）"."是成员运算符,可用 emp1.name 表示成员项;如果一个指针指向结构体变量,可以用(*p).name 或 p→name 来表示结构体中的成员。

（4）结构体变量可以作为函数参数,函数也可返回指向结构的指针变量。而联合变量不能作为函数参数,函数也不能返回指向联合的指针变量,但可以使用指向联合变量的指针,也可使用联合数组。

（5）结构体类型定义允许嵌套,结构体中也可用共用体作为成员,形成结构体和共用体的嵌套。

（6）链表是一种重要的数据结构，它便于实现动态的存储分配。本章仅仅介绍的是单向链表的结构与建立，关于链表的更多知识可以查阅《数据结构》教材。

（7）在"枚举"类型的定义中列举出所有可能的取值，被说明为该"枚举"类型的变量取值不能超过定义的范围。应该说明的是，枚举类型是一种基本数据类型，而不是一种构造类型。

（8）使用 typedef 有利于提高程序的通用性、移植性和可读性。

习题 7

7-1 输出某班不及格学生的名单和人数。要求：学生名单中包含的学生信息有学号、姓名、性别、年龄和分数，其中学生数据如下表：

学 号	姓 名	性 别	年 龄	分 数
101	张云	女	21	96.5
102	李海	男	22	98.7
103	王平	女	23	68.3
104	赵云	男	20	53.7
105	杨毅	男	21	40.9

7-2 用结构体类型编写程序，输入一个学生的计算机、高数、英语成绩，输出其平均成绩。

7-3 读入两个学生的情况存入结构数组。每个学生的情况包括：姓名，学号，性别。若是男同学，则还登记视力正常与否；对女生则还登记身高和体重。

7-4 编写一个程序输入今天是星期几，计算若干天后是星期几。要求采用枚举类型实现。

7-5 建立一个链表，每个节点包括：学号、姓名、性别、年龄。输入一个年龄，如果链表中的节点所包含的年龄等于此年龄，则将此节点删去。

第8章 编译预处理

C语言程序的执行是从主函数开始的,但在前几章的例题中常见一些程序在其主函数main 之前,还有一些以"#"开头的命令,例如#include、#define 等。C语言中,这些以"#"开头的命令常被放在函数之外而且多放在源文件的前面,将这些以"#"开头的命令称为"预处理命令"。

所谓编译预处理是指在对源程序进行编译之前所做的工作,即指在进行编译的第一遍扫描(词法和语法分析)之前所做的工作。当对一个C语言的源文件进行编译时,编译系统将自动引用预处理程序先对源程序中的"预处理部分"进行处理,然后再将处理结果和源程序进行通常的编译、链接等,最终生成目标程序。

编译预处理是 C 语言所特有的,它扩充了 C 语言的功能。为了与一般的 C 语句区别开来,这些命令都以"#"开头。C语言提供了多种预处理功能,本章主要介绍常用的三种:宏定义、文件包含和条件编译。

本章要点
- 理解编译预处理的过程和意义。
- 掌握无参宏定义和有参宏定义的使用方法。
- 了解文件包含和条件编译的作用。

8.1 宏定义

宏定义是由预处理命令#define 完成的。在 C 语言中,"宏定义"可分为不带参数的和带参数的两种形式,分别称之为"无参宏定义"和"有参宏定义"。

【例 8-1】 求半径为 r 的圆的周长和面积。

程序代码:

```
#define  PI   3.14159          /*定义无参数的宏,宏名 PI */
#define  CIRCUM(R)   2*PI*R    /*定义有参数的宏,宏名 CIRCUM */
#define  AREA(R)    PI*R*R     /*定义有参数的宏,宏名 AREA */
#include <stdio.h>
main()
{ float  r, c, s;
  printf("please input r = ");
  scanf(" %f",&r);
```

```
    c = CIRCUM(r);                    /*计算圆的周长c*/
    s = AREA(r);                      /*计算圆的面积s*/
    printf("CIRCUM = %10.4f\nAREA = %10.4f\n",c,s);
}
```

通过上面的例题,读者可以感性地认识编译预处理程序的宏定义,下面分别讨论这两种宏的定义和调用。

8.1.1 无参宏定义

1. 定义形式

无参宏定义也叫字符串的宏定义,它用一个指定的标识符代表一个字符串。无参宏定义的一般形式为

    #define　标识符　字符串

其中,"#"表示这是一条预处理命令,"#define"是宏定义命令;"标识符"就是宏名,简称宏;"字符串"是宏的替换正文,通过宏定义使得标识符等同于字符串。

2. 宏代换

在编译预处理时,对程序中所有出现的宏名都用宏定义中的字符串代换,这个过程称为"宏代换"(或"宏展开")。宏代换是由预处理程序自动完成的,它是在编译之前进行的,因此不占用程序的运行时间。

例如:

    #define　PI　3.14159

PI是宏名,字符串3.14159是宏的替换正文,预处理程序将程序中凡是以PI作为标识符出现的地方都用3.14159替换,这种替换称为"宏代换"(或"宏展开")。

【例8-2】 请用无参宏定义编写程序,求半径为 r 的圆的周长和面积。

程序代码:

```
#define  PI  3.14159
#include<stdio.h>
main()
{ float r,c,s;
  printf("please input r = ");
  scanf("%f",&r);
  c = 2.0*PI*r;
  s = PI*r*r;
  printf("c = %10.4f\ns = %10.4f\n",c,s);
}
```

经过编译预处理后,程序中的宏名PI将被其对应的字符串"3.14159"所替换,即

```
c = 2.0 * 3.14159 * r;
s = 3.14159 * r * r;
```

无参宏定义的优点在于通过这种替换可以减少程序输入量,方便调试,易于修改,提高程序的可移植性。

3. 无参宏定义的应用说明

1) #define

宏定义命令 define 是一个专门用于预处理命令的专有名词,它与前面所讲的定义变量的含义不同,只作字符替换,不分配内存空间。

2) 标识符

一般来说,宏名用大写字母表示,以便区别程序中的变量名和函数名,但这不是语法规则也可用小写。初学者提倡用大写字母,便于理解。"宏名"是一个常量的标识符,它不是变量,不能赋值。

3) 字符串

"字符串"可以是常数、格式串以及表达式等,例如:

```
#define  PI   3.14159
#define  PR   printf(" *** -- *** -- ***")
#define  M    (x*x+2*x+1)
```

对于经常在程序中反复使用的表达式进行宏定义,例如:

```
#define  M  (x*x+2*x+1)
main()
{   long x,Y;
    printf("input a number x:");
    scanf("%d",&x);
    Y = 2 * M + 3 * M;
    printf("\nY = %ld\n",Y);
}
```

上例中,首先进行宏定义,用标识符 M 代换表达式 $(x*x+2*x+1)$,在源程序 $Y=2*M+3*M$ 中作了宏调用。在预处理时,经宏展开后,该语句变为

```
Y = 2 * (x*x+2*x+1) + 3 * (x*x+2*x+1);
```

但需注意的是在宏定义中表达式 $(x*x+2*x+1)$ 两边的括号不能少,否则会发生错误。例如,当对表达式进行以下定义后:

```
#difine  M  x*x+2*x+1
```

宏展开时将得到: $Y=2*x*x+2*x+1+3*x*x+2*x+1$,这相当于 $Y=2x^2+2x+3x^2+2x+2$,显然错误。

4) 语法规则

宏定义不是 C 语言的语句,行末无须用分号";"。如用分号,则预处理会将分号视为字符串的一部分,一同替换。

宏定义是用宏名(PI)代替一个字符串(3.14159),这只是一种简单的代换,预处理程序对字符串不作语法检查,即使输入错误如:

```
#define  PI  3.14XX9
```

预处理程序也照样将错误的 3.14XX9 代换 PI,不管其含义,也不检验任何语法错误。只有当编译系统对宏代换后的源程序进行编译时才可能报错。

如果宏名在程序中被引号("")括起来,则不进行宏替换,而是当作一个标准的字符串输出,例如:

```
#define  PI  3.14159
#include <stdio.h>
main()
{
  printf("PI");
}
```

上例中,定义宏名 PI 表示 3.14159,但在 printf 语句中 PI 被双引号括起来,所以不作宏替换。因此,程序的运行结果为 PI。

5) 作用域

一般地,宏定义写在函数的开头,放在函数之外。一个宏定义的作用域是从其定义的地方开始到该文件结束。也可以用 #undef 命令来终止宏定义的作用域。例如,在程序中定义:

```
#define  PI  3.14159
main()
{ …… ;
}
#undef  PI
fun1()
{ … ;
}
```

上例中,用 #undef 命令来终止 PI 的作用域,表示 PI 的作用域是从定义的地方开始到 #undef 之前结束。也就是说,PI 只在函数 main 中有效,在函数 fun1 中无效。

6) 宏嵌套

在进行宏定义时,可以使用已经定义的宏名,即宏定义的嵌套形式。在宏展开时由预处理程序层层代换,例如:

```
#define  PI  3.14159
#define  V   4*PI*r*r*r/3
main()
{
  printf("%.7f",V);
}
```

对于语句 printf,在宏代换后变为

```
printf("%.7f",3*3.14159*r*r*r/4);
```

由于在宏定义"#define V 4*PI*r*r*r/3"中使用了 PI,而 PI 又在前面的一个宏定义中定义了,这就是宏的嵌套定义。

8.1.2 有参宏定义

1. 定义形式

在例 8-1 中定义的 CIRCUM(R) 和 AREA(R) 就是两个有参数的宏。有参宏定义的一般形式为

#define 宏名(形参表) 字符串

在对有参宏进行编译预处理时,不仅要对定义的宏名进行替换,而且对参数也要进行替换。

2. 宏调用

有参宏调用的一般形式为

宏名(实参表);

对于有参数的宏,在宏定义中的参数称为形式参数(简称形参),在宏调用中的参数称为实际参数(简称实参)。在调用中不仅宏要展开,而且要用实参去替换形参。

例如:

```
#define  MIN(x,y)  ((x)<(y)?(x):(y))        /*宏定义(x,y为形参)*/
……
a = MIN(2,3);                                /*宏调用 (2,3 为实参)*/
……
```

经预处理宏展开后语句被替换为:

a = ((2)<(3)?(2):(3));

通过上例说明有参宏代换的过程是:程序中有参宏 MIN(x,y),则按宏定义 #define 命令行中指定的字符串从左到右的顺序依次替换,其中形参(如 x,y)用程序中的相应实参(如 2,3)替换。若定义的字符串中有非参数表中的字符,则保留即可(如本例中的"?"和":"等)。

【例 8-3】 请用有参宏定义编写程序,求半径为 r 的圆的周长和面积。

程序代码:

```
#define  PI  3.14159
#define  CIRCUM(R)   2.0*PI*R         /*有参宏定义 */
#define  AREA(R)    PI*R*R            /*有参宏定义 */
#include <stdio.h>
main()
    { float r,c,s;
      r = 10;
      c = CIRCUM(r);                  /*宏调用 */
      s = AREA(r);                    /*宏调用 */
      printf("c = %10.4f\ns = %10.4f\n",c,s);
    }
```

经过编译预处理,程序赋值语句 c=CIRCUM(r)和 s=AREA(r)中的实参 r 将代替宏定义中的形参 R,经过有参宏代换后得到:c=2.0*3.14159*r 和 s=3.14159*r*r,即替换成下面的程序:

```
main()
{   float   r, c, s;
    r = 10;
    c = 2.0 * 3.14159 * 10;
    s = 3.14159 * 10 * 10;
    printf("c = %10.4f\ns = %10.4f\n",c,s);
}
```

3. 有参宏定义的应用说明

(1) 宏名与参数间不能有空格。有参宏定义时,宏名与参数间如有空格,系统将会把宏名以后的字符都作为替换字符串的一部分,这样就成了无参宏定义。

例如:

```
#define AREA(R) PI*R*R
```

若写成:

```
#define AREA (R) PI*R*R
```

则将被系统视为定义一个宏名 AREA 的无参宏,而"(R) PI*R*R"将被视为代替字符串,这不符合题意,显然是错误的。

(2) 有参宏定义中的形参是标识符,而宏调用中的实参可以是表达式。使用有参宏只是简单的字符替换。因此对于实参表达式中,括号使用在不同位置往往效果不一样。通常,用括号将整个宏和各参数全部括起来比较稳妥。

例如:用括号将整个宏和各参数全部括起来。

```
#define   s(r)   ((r)*(r))
main()
{
    int a = 2, b = 3, s;
    s = s(a + b);
    printf("%d\n",s);
}
```

程序运行结果:

s = 25

此例中宏调用 s=s(a+b),在其展开时用 a+b 替换 r。对于有参的宏只是简单的替换而不是像函数那样的值传递,因此,得到表达式:s=(a+b)*(a+b),代入 a,b 的值后,得到 s=(2+3)*(2+3)=25。

例如:不用括号将宏和各参数全部括起来。

```
#define   s(r)   r*r
main()
```

```
    int a = 2,b = 3,s;
    s = s(a+b);
    printf("%d\n",s);
}
```

程序运行结果:

s = 11

此例中,宏调用 s=s(a+b),在其展开时用 a+b 替换 r,得到表达式: s＝a+b*a+b,代入 a,b 的值后,得到 s= 2+3*2+3=11。

由此可见,在宏定义时字符串上括号的有无及位置要格外注意。若有括号则宏展开时要原样写在展开后的表达式中;若无括号不要随意添加。

(3) 宏展开与函数调用相区别。对于有参的宏,其宏展开是在编译时进行的,在展开时形式参数不分配内存单元,因此不必作类型定义。而宏调用中的实参有具体的值,要用它们去替换行参,因此必须作类型说明。这与函数相区别,函数调用时要把实参值赋予形参,进行"值传递",而在有参宏中只是简单的符号代换,不存在"值传递"的问题,也没有"返回值"的概念。

【例 8-4】 利用函数调用实现,输入半径为 1~10 的圆的面积。

程序代码:

```
#define PI  3.14159
#include <stido.h>
float  s(int n)
{
    return(PI*n*n);
}
main()
{   int i = 1;
    while (i<=10)
    printf("%10.2f\t",s(i++));
}
```

程序运行结果:

3.14   12.57   28.27   50.27   78.54   113.10   153.94   201.06   254.47   314.16

本例中实参是 i++,它的特点是先使用后增值,第一次调用 s 函数时,传递的参数值是 1,然后 i 的值变为 2。第二次调用 s 函数时,传递的参数值是 2,然后 i 的值变为 3,以此类推,所以程序运行后得到的结果是我们期待的,是正确的。

例如:利用宏定义实现,输入半径为 1~10 的圆的面积。

```
#define PI  3.14159
#define  S(n)  PI*(n)*(n)
main()
{   int  i = 1;
    while (i<=10)
    printf("%10.2f\t",S(i++));
}
```

程序运行结果：

3.14   28.27   78.54   153.94   254.47

显然，这不是我们所期待的结果。原因在于每次循环时，宏定义 s(i++)经过宏替换后变为(PI * (i++) * (i++))，当 i＝1 时，输出 3.14 * 1 * 2 的乘积，i++使用了两次，i 的值每次增加 2，所以在输出 5 个数后就结束。

（4）宏代换不占运行时间只占编译时间。一般地，用有参的宏来代表简短的表达式比较合适。

8.2 文件包含

文件包含是 C 语言预处理程序的另一个重要功能。所谓"文件包含"处理是指一个源文件可以将另外一个源文件的全部内容包含进来。

1. 定义形式

C 语言中，用♯include 命令来实现文件包含的操作，其命令格式有两种：
格式 1：

♯include <文件名>

格式 2：

♯include "文件名"

文件包含命令的功能是把指定的文件插入该命令行位置取代该命令行，从而把指定的文件和当前的源程序文件连成一个源文件，例如：

♯include <filename>
♯include"filename"

当预处理程序在对 C 源程序进行扫描时，如遇到♯include 命令，则将指定的 filename 文件的内容替换到源文件的♯include 命令行中。

例如，假设有三个源文件 file1.c，file2.c 和 file3.c，利用编译预处理的文件包含命令实现多文件的编译和连接，它们的内容如下。

```
/*源文件 file1.c*/
♯include <stdio.h>
void main()
{   int a,b,c,s,m;
    printf("\na,b,c = ");
    scanf("%d,%d,%d",&a,&b,&c);
    s = sum(a,b,c);
    m = mul(a,b,c);
    printf("the sum is %d\n",s);
    printf("the mul is %d\n",m);
}
```

```
/*源文件file2.c*/
int sum(int p1,int p2,int p3)
{
    return(p1 + p2 + P3);
}
/*源文件file3.c*/
int mul(int p1,int p2,int p3)
{ return(p1 * p2 * P3);
}
```

在源文件file1.c头部加入#include"file2.c"和#include"file3.c"命令,在系统编译预处理时就把文件file2.c和file3.c的内容包含进来。

源文件test1.c内容如下:

```
#include "file2.c"
#include "file3.c"
main()
{   int a,b,c,s,m;
    printf("\na,b,c = ") ;
    scanf("%d,%d,%d",&a,&b,&c);
    s = sum(a,b,c);
    m = mul(a,b,c);
    printf("the sum is %d\n",s)
    printf("the mul is %d\n",m)
}
```

对于C系统提供的标准库函数,可以通过"文件包含"命令使其包含到当前程序里,从而实现库函数的调用。例如,在前几章中常用的stdio.h文件(即C标准库函数中的输入输出头文件)等,都可以用"文件包含"命令处理:

```
#include <stdio.h>
#include <math.h>
```

文件包含是一种模块化程序设计的手段。在实际的程序设计中,文件包含命令很常用。例如,一个大程序可以分为多个模块,由多个程序员分别编程,有些公用的符号常量(如 PI=3.14159,e=2.718,……)或宏定义等可单独组成一个文件,然后每个人都可以用#include命令将这个文件包含到自己所写的源文件中,这样可以避免重复劳动,节省时间,提高效率并且减少出错。

2. 文件包含的应用说明

(1) 文件包含命令有尖括号和双引号两种形式,但两种形式有区别。

格式1:

```
#include<文件名>
```

使用尖括号< >表示预处理程序到存放C库函数所在目录中寻找要包含的文件。此格式为标准方式。

格式2：

```
#include"文件名"
```

使用双引号""表示预处理程序首先在当前源文件目录中查找。若未找到，则按系统指定的标准方式继续查找。

一般说，调用库函数时用格式1，如果要包含的文件是用户自己编写的文件时用格式2。

（2）一个include命令只能指定一个被包含文件，若有多个文件要包含则需用多个include命令。

（3）文件包含允许嵌套，即在一个被包含的文件中又可以包含另一个文件。

8.3 条件编译

C语言的源程序中所有行都需要参加编译，但是有时为了程序调试和移植的方便，只希望对其中一部分内容进行编译，也就是对一部分内容在满足指定的编译条件下才进行编译，这就是"条件编译"。

C语言提供了"条件编译"的预处理命令，在C语言的预处理程序中，通过设定条件编译，使得系统可以按不同的条件去编译不同的程序部分，产生不同的目标代码文件。条件编译命令有以下三种常用形式：

1. #if 形式

一般格式为：

```
#if    常量表达式
        程序段1
#else
        程序段2
#endif
```

它的功能是如果常量表达式的值为真（非0），则对程序段1进行编译；否则对程序段2进行编译。因此可以使程序在不同条件下，完成不同的功能。

【例8-5】 条件编译#if形式举例。

程序代码：

```
#define  X  5
#include<stdio.h>
main()
{   #if   X-5
        printf("|X| = %d", X);
    #else
        printf("|X| = %d", -X);
    #endif
}
```

运行结果如下：

|X|=−5

运行时，根据表达式 X−5 的值是否为真（非零），决定对哪一个 printf 函数进行编译，而其他的语句不被编译（不生成代码）。本例中表达式 X−5 宏替换后变为 5−5，即表达式 X−5 的值为 0，表示不成立，编译时只对第二条输出语句"printf("|X|=%d",−X);"进行编译。所以输出结果为|X|=−5。

通过上面的例子可以分析：不用条件编译而直接用条件语句也能达到要求，那么用条件编译的好处是可以减少被编译的语句，从而减少目标代码的长度。当条件编译段较多时，只编译满足条件的程序段，这样目标代码的长度可以大大减少。

2．#ifdef 形式

一般格式为：

```
#ifdef 标识符
    程序段 1
#else
    程序段 2
#endif
```

它的功能是如果标识符已被 #define 命令定义过则对程序段 1 进行编译；否则对程序段 2 进行编译。

例如，#ifedf 形式举例。

```
#ifdef   IBM_PC
    #define   INT_SIZE   16
#else
    #define   INT_SIZE   32
#endif
```

如果标识符 IBM_PC 在前面已被定义过，如

```
#define   IBM_PC   0
```

则只编译命令行：

```
#define   INT_SIZE 16
```

否则，只编译命令行：

```
#define   INT_SIZE 32
```

这样，源程序可以不做任何修改就可以用于不同类型的计算机系统。

对于 #ifdef 形式，如果没有程序段 2（它为空），本格式中的 #else 可以没有，即可以写为：

```
#ifdef 标识符
    程序段
#endif
```

3. #ifndef 形式

一般格式为：

```
#ifndef 标识符
    程序段 1
#else
    程序段 2
#endif
```

与第二种形式的区别是将 ifdef 改为 ifndef。它的功能是如果标识符未被 #define 命令定义过则对程序段 1 进行编译，否则对程序段 2 进行编译。这与第二种形式的功能正相反。上面的例题若用 #ifndef 形式实现，只需改成下面例题的形式即可，其作用完全相同。

例如，#ifndef 形式举例。

```
# ifndef IBM_PC
    # define INT_SIZE 32
# else
    # define INT_SIZE 16
# endif
```

通常，在程序调试时希望输出一些需要的信息，而在调试完成后不再输出这些信息，则可以在源程序中插入以下的条件编译命令：

```
#ifdef  DO
    printf("a = %d,b = %d\n",a,b);
#endif
```

如果之前定义过标识符 DO，则在程序运行时输出 a,b 的值便于程序的调试和分析，而调试完成后，只需将定义标识符 DO 的宏定义命令删除即可。这样可以减少代码的生成量，提高程序的执行效率。

本章小结

编译预处理是 C 语言所特有的功能，它是在对源程序正式编译前由预处理程序完成的。常用的编译预处命令主要有宏定义、文件包含和条件编译。其中，宏定义可以分为有参定义和无参宏定义两种形式。宏定义在宏展开时是一个简单的字符串替换过程。将宏展开后的形式进行编译，形成目标代码，链接后方可执行。文件包含是指一个源文件可将另一个文件的内容全部包含到本文件中。而条件编译是指根据给定的条件决定是否对某些程序段进行编译。合理地使用预处理命令，可有效提高程序的可读性、可维护性及可移植性，减少目标代码生成量进而提高程序运行效率。

习题 8

8-1　请用宏定义的方法编程实现，求两个正整数的余。

8-2　定义一个有参宏 SWAP(x,y)，以实现两个整数之间的交换，请编程实现。

8-3　请用有参宏定义的方法编程实现，求两个整数中的较大者。

8-4　输入三角形的三边长分别为 a,b,c，请编程实现，求该三角形的面积 S。

要求：(1)利用下面公式求面积 $S=\sqrt{p(p-a)(p-b)(p-c)}$，$p=(a+b+c)/2$。

　　　(2)利用"文件包含"命令实现，其中头文件名为 headfile.h。

8-5　请用"条件编译"的方法实现。当符号常量 X 被定义过则输出其平方；否则输出符号常量 Y 的平方。

第9章 文件

文件是计算机中一种重要的数据组成形式,也是 C 语言中的一个重要概念。前面各章中的 C 语言程序设计的输入数据一般是用户通过键盘输入获得的,程序结果的输出一般是直接通过打印语句输出到计算机屏幕。当程序执行完毕,很难保存程序的运行结果。当有大量数据输入的时候,仅仅通过键盘录入效率很低。在操作系统中,一般把数据都存储在各种文件中,为了方便各类数据的输入和输出,C 语言定义了基于文件的程序设计方法。

本章要点
- 了解文件的概念;
- 熟练掌握缓冲文件系统和非缓冲文件系统的概念及其区别;
- 熟练掌握文件类型指针的概念;
- 熟练掌握打开文件和关闭文件的方法;
- 了解文件操作的出错检测方法。

9.1 C 文件概述

狭义的"文件"就是档案的意思,就是把具有符号的一组相关元素的有序序列组合在一起,并赋予一个名字,方便查找。在计算机操作系统中一般把记录在外部存储介质上的数据集合统称为文件。例如,用 VC6.0 编辑好的一个源程序就是一个文件,把它存储到磁盘上就是一个磁盘文件。从计算机上输出一个源文件到打印机,这也是一个文件。对于操作系统来说,所有输入输出设备也都可映射为文件。例如,键盘、显示器、打印机都是文件,对这些设备的处理方法统一按文件处理。

9.1.1 C 文件的分类

计算机中的文件可以从不同的角度进行分类。
(1) 按文件介质分磁带文件、磁盘文件、设备文件和纸质文件等。
磁带或磁盘文件都是通过对磁性物质磁化的方式记录数据序列的,可以多次读写,是目前计算机中普遍使用的文件记录方式。
设备文件是指与主机相连的一切能进行输入和输出的终端设备,如显示器、打印机、键盘等。在操作系统中,把外部设备也看作一个文件来进行管理,把它们的输入、输出等同于对磁盘文件的读和写。通常键盘被定义为标准输入文件,显示器被定义为标准输出文件。

前面经常使用的 scanf、getchar 函数，printf、putchar 函数就属于这类输入输出。设备文件一般根据设备的属性不同，只能进行写入或读取操作，如键盘只能输入数据，屏幕只能输出数据。

纸质文件一般是指计算机早期使用过程中把二进制数据通过打孔的方式记录在一条狭长的纸带上，通过光学仪器可以读取。纸质文件只能进行一次写入，多次读取。

（2）按文件内容分源程序文件、目标文件、可执行文件和数据文件等。

不同的操作系统对文件命名都有相应的规范。在 Windows 操作系统中，文件名一般由主文件名和扩展名组成，格式如下：

文件名 = 主文件名.扩展名

一般通过扩展名来区分文件的内容。文件名最多可由 255 个英文字符组成，一个中文字符占用 2 个英文字符的空间。文件名可以包含除"?"、"""、"/"、"\"、"<"、">"、"*"、"|"、":"之外的大多数字符。文件名一般不区分大小写。不同的应用程序对文件的扩展名都有相应的要求，如 cpp 是指 VC6.0 中的 C++ 源程序文件。

（3）按文件中数据的组织形式分二进制文件和文本文件。

文本文件是指文件的内容是由一个一个的字符组成的，每一个字符一般用该字符对应的 ASCII 码表示。例如，在文本文件中 136.56 占 6 个字符。二进制文件是以数据在内存中的存储形式原样输出到磁盘上去的。例如，实数 136.56 在内存中以浮点形式存储，占 4 个字节，而不是 6 个字符。若以二进制形式输出此数，就将该 4 个字节按原来在内存中的存储形式送到磁盘上去。不管一个实数有多大，都占 4 个字节。一般来说，文本文件用于文档资料的保存，方便用户阅读理解；二进制文件节省存储空间而且输入输出的速度比较快。因为在输出时不需要把数据由二进制形式转换为字符代码，在输入时也不需要把字符代码先换成二进制形式然后存入内存。如果存入磁盘中的数据只是暂存的中间结果数据，以后还要调入继续处理，一般用二进制文件以节省时间和空间。如果输出的数据是准备作为文档供给人们阅读的，一般用字符代码文件，它们通过显示器或打印机转换成字符输出，比较直观。

9.1.2 缓冲文件系统和非缓冲文件系统

目前 C 语言所使用的磁盘文件系统有两大类：一类称为缓冲文件系统，又称为标准文件系统或高层文件系统；另一类称非缓冲文件系统，又称为低层文件系统。

1. 缓冲文件系统的特点

对程序中的每一个文件都在内存中开辟一个"缓冲区"。从磁盘文件输入的数据先送到"输入缓冲区"，然后再从缓冲区依次将数据送给接收变量。在向磁盘文件输出数据时，先将程序数据区中变量或表达式的值送到"输出缓冲区"中，然后待装满缓冲区后一起输出给磁盘文件。这样做的目的是减少对磁盘的实际读写次数。因为每一次对磁盘的读写都要移动磁头并寻找磁道扇区，这个过程要花一些时间，如果每一次用读写函数时都要对应一次实际的磁盘访问，那么就会花费较多的读写时间。用缓冲区就可以一次读入一批数据，或输出一批数据，即不是执行一次输入或输出函数就实际访问磁盘一次，而是若干次读写函数语句对应一次实际的磁盘访问。缓冲文件系统自动为文件设置所需的缓冲区,缓冲区的大小随机器而异。不需要应用程序处理相关的缓冲过程。

2. 非缓冲区文件系统的特点

系统不自动设置缓冲区,而由用户程序根据自己的需要设置。

3. 缓冲区文件系统与非缓冲区文件系统的比较

这两种文件系统分别对应使用不同的输入输出函数。应该说,缓冲文件系统功能强、使用方便,由系统代替用户做了许多事情,提供了许多方便。而非缓冲系统则直接依赖于操作系统,通过操作系统的功能直接对文件进行操作。所以它称为系统输入输出或低层输入输出系统。在传统的 UNIX 标准中,用缓冲文件系统对文本文件进行操作,用非缓冲文件系统对二进制文件进行操作。ANSI 只建议使用缓冲文件系统,并对缓冲文件系统的功能进行了扩充,使之既能用于处理文本文件又能处理二进制文件。缓冲区文件系统的输入输出称为标准输入输出(标准 I/O),非缓冲区文件系统的输入输出称为系统级输入输出(系统 I/O)。非缓冲文件系统只以二进制方式处理文件,使程序的可移植性降低,因此 ANSI C 标准采用缓冲文件系统。

9.1.3 文件指针

要调用一个文件,需要提供以下一些信息:
(1) 文件当前的读写位置;
(2) 与该文件对应的内存缓冲区的地址;
(3) 缓冲区中未被处理的字符数;
(4) 文件操作方式等。

缓冲文件系统为每一个文件开辟了一个"文件信息区",用来存放以上这些信息。这个"文件信息区"在内存中,是一个结构体变量,这个结构体变量是由系统定义的,用户不必定义,系统为其取名为 FILE,其形式为:

```
typedef struct
{
    short    level;              /* 缓冲区"满"或"空"的程度 */
    unsigned flags;              /* 文件状态标志 */
    char     fd;                 /* 文件描述符 */
    unsigned char hold;          /* 如无缓冲区不读取字符 */
    short    bsize;              /* 级冲区的大小 */
    unsigned char * baffer;      /* 数据缓冲区的位置 */
    unsigned char * curp;        /* 指针,当前的指向 */
    unsigned      istemp;        /* 临时文件,指示器 */
    short         token;         /* 用于有效性检查 */
} FILE;
```

上面结构体的成员就是用来存放以上信息的数据项。对 FILE 的定义是在 stdio.h 头文件中由系统事先指定的。只要程序中用到一个文件,系统就为此文件开辟一个如上定义的结构体变量存储该文件的有关信息。这个结构体变量不用变量名来标识,而设置一个指向该结构体变量的指针变量,通过指针变量来访问该结构体变量。在编写源程序时不必关心 FILE 结构的细节。定义文件类型指针变量的语法格式为

```
FILE * 指针变量标识符;
```

例如:

```
FILE * fp;                    /* fp 是一个指向 FILE 类型结构体的指针变量 */
```

fp 是指向 FILE 类型结构体的指针变量,通过 fp 即可找存放某个文件信息的结构体变量,然后按结构体变量提供的信息找到该文件,实施对文件的操作。有几个文件就可以设几个 FILE 类型的指针变量。习惯上把 fp 称为指向一个文件的指针。文件指针是缓冲文件系统的一个很重要的概念,只有通过文件指针才能调用相应的文件。

9.2 文件的打开与关闭

对磁盘文件的操作必须是"先打开,后读写,最后关闭"。对文件的读写就是对磁盘上存储的二进制序列进行读写。所以任何应用程序对文件的操作都要经过操作系统赋予相应的权限,否则就会引起文件内容的紊乱。所谓"打开文件"就是在程序和操作系统之间建立起联系,程序把所要操作文件的一些信息通知给操作系统。操作系统返回文件的各种相关信息,并使文件指针指向该文件,可以对文件进行操作。一般来说,一旦文件被打开,操作系统就会禁止其他程序对文件的操作。关闭文件则是本程序断开指针与文件之间的联系,并通知操作系统释放占用的资源,允许其他程序对该文件的操作。在 C 语言中,对文件的操作都是由库函数来完成的。

9.2.1 文件的打开

C 语言用 fopen 函数实现打开一个文件,其调用的一般形式为

```
文件指针名 = fopen(文件名,打开文件方式);
```

其中,"文件指针名"必须是被说明为 FILE 类型的指针变量;"文件名"是被打开文件的文件名,是字符串常量或字符串数组;"使用文件方式"是指文件的类型和使用方式,指出文件操作方式是读还是写。

(1)"r"表示读取。在执行 fopen 函数过程中,系统首先确定此文件是否已存在,如果存在则将读写当前位置设定在文件开头,以便从文件开头读取数据,否则进行错误处理。

(2)"w"表示写入。在执行 fopen 函数过程中,首先检查是否有同名文件,如果有则将该文件删除并建立一个新文件,否则就将读写当前位置设定在文件开头,以便从文件开头写入数据。

例如:

```
FILE * fp;                          /* 定义 fp 为文件指针变量 */
fp = fopen("file1","r");            /* 以只读方式打开 file1 */
```

表示在当前目录下打开文件 file1，只允许进行"读"操作，fopen 函数返回指向 file1 文件的指针并赋给 fp，这样 fp 就和文件 file1 相联系了，或者说，fp 指向 file1 文件。文件的使用方式共有 12 种，表 9-1 给出了它们的符号和意义。

表 9-1 文件的 12 种使用方式

文件类型	使用方式	意　义	备注
ASCII 码文件	"r"	只读：打开一个文本文件，只允许读数据	旧文件
	"w"	只写：打开或建立一个文本文件，只允许写数据	新文件
	"a"	追加：打开一个文本文件，并在文件末尾写数据	旧文件
	"r+"	读写：打开一个文本文件，允许读和写	旧文件
	"w+"	读写：打开或建立一个文本文件，允许读写	新文件
	"a+"	读写：打开一个文本文件，允许读，或在文件末追加数据	旧文件
二进制文件	"rb"	只读：打开一个二进制文件，只允许读数据	旧文件
	"wb"	只写：打开或建立一个二进制文件，只允许写数据	新文件
	"ab"	追加：打开一个二进制文件，并在文件末尾写数据	旧文件
	"rb+"	读写：打开一个二进制文件，允许读和写	旧文件
	"wb+"	读写：打开或建立一个二进制文件，允许读和写	新文件
	"ab+"	读写：打开一个二进制文件，允许读，或在文件末追加数据	旧文件

　　调用 fopen 函数之后，fopen 函数有一个返回值。它是一个地址值，指向被打开文件的文件信息区的起始地址。如果打开文件失败，则返回一个 NULL 指针。fopen 函数的返回值应当立即赋给一个文件类型指针变量，以便以后能通过该指针变量来访问此文件，否则此函数返回值就会丢失而导致程序中无法对此文件进行操作。

　　简而言之，在打开一个文件时，程序通知编译系统三个方面的信息：

　　(1) 要打开哪一个文件，以"文件名"指出。

　　(2) 文件的使用方式。

　　(3) 函数的返回值赋给哪一个指针变量，或者说让哪一个指针变量指向该文件。

　　对于磁盘文件，在使用前要先打开，而对终端设备，尽管它们也作为文件来处理，但为什么在前面的程序中从未使用过打开文件的操作？这是由于在程序运行时，系统自动打开了三个标准文件：标准输入、标准输出和标准出错输出。系统自动地定义了三个指针变量：stdin，stdout，stderr 分别指向标准输入、标准输出和标准出错输出。这三个文件都是以终端设备作为输入输出对象的。如果指定输出一个数据到 stdout 所指向的文件，就是指输出到终端设备。为使用方便，允许在程序中不指定这三个文件，也就是说，系统隐含的标准输入输出文件是指终端。

　　对于文件的使用方式还有以下几点说明：

　　(1) 如果希望向文件末尾添加新的数据(不希望删除原有数据)，则应该用"a"方式打开。但此时该文件必须已存在，否则将得到出错信息。打开时，位置指针移到文件末尾。

　　(2) 用"r+"、"w+"、"a+"方式打开的文件既可以用来读取数据，也可以用来输出数据。用"r+"方式打开时该文件应该已经存在，以便能向计算机输入数据。用"w+"方式则新建立一个文件，并向此文件写数据，然后可以读此文件中的数据。用"a+"方式打开的文件,原来的文件不被删去,位置指针移到文件末尾,可以添加,也可以读。

(3) 如果不能实现"打开"的任务,fopen 函数将会返回一个出错信息。出错的原因可能是用"r"方式打开一个并不存在的文件;磁盘出故障;磁盘已满无法建立新文件等。

一般地,使用 fopen 函数打开一个文件时,要检查文件打开的正确性,以便确定程序能否继续执行下去,例如:

```
if(fp = fopen("file1","r")) == NULL)
   {   printf("This file can not opened! ");
       exit(0);
   }
```

其中 exit()函数是停止程序的执行,使控制返回操作系统。

(4) 目前使用的有些 C 编译系统可能不完全提供所有这些打开功能(例如有的只能用"r"、"w"、"a"方式),有的 C 版本不用"r+"、"w+"、"a+",在使用时要注意所用系统的规定。

(5) 在向计算机输入文本文件时,系统自动将回车换行符转换为一个换行符,在输出时把换行符转换成为回车和换行两个字符。对于二进制文件,系统不进行这种转换。

9.2.2 文件的关闭

C 语言用 fclose 函数实现关闭文件,其调用的一般形式为

fclose(文件指针);

例如:

fclose(fp);

关闭文件的功能是通知系统将此指针指向的文件关闭,释放相应的文件信息区。这样,原来的指针变量不再指向该文件,以后也就不可能通过此指针变量来访问该文件。此外关闭文件还具有释放内存资源的功能,因为打开文件就是把文件调入内存,如果不关闭内存将一直被占用着;另一方面,文件是系统中的一种资源,打开文件是对资源的占用,若不关闭,则别的程序就不能使用此资源。如果关闭的是写操作的文件,则系统在关闭该文件之前先将输出文件缓冲区的内容全部输出给文件,然后关闭文件。如果不关闭文件而直接使程序停止运行,这时会丢失缓冲区中还未写入文件的部分信息。因此必须注意,文件用完之后必须关闭。

正常完成关闭文件操作时,fclose 函数返回值为 0,如返回非零值则表示有错误发生。

9.3 文件的读写

在 C 语言中,可以通过对文件的读写实现丰富的程序功能。在 C 语言中提供了多种对文件进行读写操作的函数,相关要求与字符串输入输出函数类似,不同的是在文件读写操作中要定义文件指针,而在字符串输入输出函数中系统缺省指定了 stdin 和 stdout 设备文件,不需要显式定义了。C 语言文件读写操作主要包括字符读写函数 fgetc 和 fputc;字符串读

写函数 fgets 和 fputs；数据块读写函数 freed 和 fwrite；格式化读写函数 fscanf 和 fprinf。使用以上函数都要求包含头文件<stdio.h>，下面分别介绍。

9.3.1 字符读写函数

字符读写函数是以字符(字节)为单位的读写函数。每次可从文件读出或向其写入一个字符。

1. 读字符函数：fgetc

C 语言用 fgetc 函数从文件中读取一个字符，其调用的一般形式为：

`字符变量 = fgetc(文件指针);`

说明：在 fgetc 函数调用中，读取的文件必须是以读或读写方式打开的。
例如：

`ch = fgetc(fp);`

其意义是从打开的文件 fp 中在指针位置读取一个字符并赋给字符变量 ch。
又如：

`fgetc(fp);`

其意义是从打开的文件 fp 中读取一个字符，如果连续使用该语句，由于文件内部的位置指针自动变化，读出的字符是不同的。

所谓文件内部的位置指针是用来指向文件的当前读写字节位置的。在文件打开时，该指针总是指向文件的第一个字节。使用 fgetc 函数后，该位置指针将向后移动一个字节。因此可连续多次使用 fgetc 函数，读取多个字符。应注意文件指针和文件内部的位置指针不是一回事。文件指针是指向整个文件的，须在程序中定义说明，只要不重新赋值，文件指针的值是不变的。文件内部的位置指针用以指示文件内部的当前读写位置，每读写一次，该指针均向后移动，它不需在程序中定义说明，而是由系统自动设置的。

【例 9-1】 在当前目录建立一文本文件 text.txt，通过程序读入文件内容并在屏幕上输出。
程序代码：

```c
#include<stdio.h>
void main()
{ FILE * fp;
  char ch;
  if((fp=fopen("text.txt","r"))==NULL)
  {
      printf("Cannot open this file\n");
      return;
  }
  else
    for (ch=fgetc(fp); ch!=EOF ;ch=fgetc(fp))
        putchar(ch);
  fclose(fp);
}
```

程序说明：如果文件不在当前目录中，在文件名前要指定所在目录。如果打开文件出错，系统给出提示并退出程序。如打开文件成功，文件指针缺省位置在文件的第一个字符位置，程序进入 for 循环

```
for (ch = fgetc(fp); ch!= EOF ;ch = fgetc(fp))
```

第一次执行 for 循环时，执行第一个 fgetc 语句，循环体内语句输出文件中的第一个字符，然后自动执行第二个 fgetc 语句，直到文件结束。因为不知道文件中有多少个字符，所以用上述语句效率较高。每读一次，文件内部的位置指针向后移动一个字符，文件结束时，该函数返回 EOF 值。执行本程序将显示整个文件。

当然也可以用 while 循环实现，不过在进入 while 循环之前要先读取第一个字符，如下：

```
ch = fgetc(fp);
while (ch!= EOF )
{
    putchar(ch);
    ch = fgetc(fp);
}
```

通过 EOF(-1)作为文件结束标志，只能用于以 ASCII 码为内容的文本文件，因为一般 ASCII 码值只能是 0～127。为了解决二进制数据文件读入结束的判定问题，C 语言系统提供了一个 feof() 函数来判断文件是否真的结束。feof(fp)用来测试 fp 所指向的文件当前状态是否为文件结束。如果是文件结束，函数 feof(fp)的值为 1（真）；否则为 0（假）。

例如，如果想顺序读入一个二进制文件中的内容，可以用：

```
ch = fgetc(fp);
while(! feof(fp))
{
    putchar(ch);
    ch = fgetc(fp);
}
```

上述代码从文件中获得的 ch 值范围为 0～255，通过 putchar 输出的时候容易出现乱码。

2．写字符函：fputc

C 语言用 fputc 函数实现写一个字符到文件中，其调用的一般形式为

fputc (字符变量或常量,文件指针);

例如：

fputc('a',fp);

其意义是把字符 a 写入 fp 所指向的文件的适当位置，具体位置与文件打开方式有关。

fputc 函数有一个返回值，如写入成功则返回写入的字符，否则返回一个 EOF(End Of File)。可用此来判断写入是否成功。EOF 是在头文件＜stdio.h＞中定义的符号常量，值为－1。

对于 fputc 函数有以下几点说明：

（1）每写入一个字符，文件内部位置指针自动向后移动一个字符，以保证位置指针始终指向文件的结尾；

（2）只有用写、读写、追加方式打开的文件才可以完成写入操作；

（3）用写或读写方式打开一个已存在的文件时将清除原有的文件内容，写入字符从文件首开始；

（4）如需保留原有文件内容，希望写入的字符以文件末开始存放，必须以追加方式打开文件，被写入的文件若不存在，则创建该文件。

【例 9-2】 从键盘输入一些字符，并存储到文件中，直到输入一个"＃"为止。

程序代码：

```
#include <stdio.h>
void main()
{   FILE *fp;
    char ch,filename[10];
    printf("please input the filename:\n");
    scanf("%s",filename);
    if( (fp = fopen(filename,"w")) == NULL )
    {
        printf("Cannot open file\n");
        return;
    }
    printf("please input the content:\n");
    ch = getchar();
    while(ch!='＃')
    {
        fputc(ch,fp);
        putchar(ch);
        ch = getchar();
    }
    fclose(fp);
}
```

程序运行情况：

please input the filename:
txt.txt   （输入磁盘文件名）
please input the content:
abcdefg＃abcdef   （输出一个字符串）
abcdefg

可以用 DOS 命令将 txt.txt 文件中的内容打印出来：

C>type txt.txt
abcdefg

注意在键盘输入文件内容的过程中，输入符号"＃"以后，程序并没有马上结束，还可以继续通过键盘输入其他字符，只有按下 Enter 键以后输入的字符才回显，程序才结束。这是因为键盘是系统的设备文件,设备文件用的也是缓冲文件系统,按下 Enter 键后系统才把键盘输入的内容写入设备文件 stdin 中。

【例 9-3】 从键盘上输入一串字符送到文件 text3.txt 中,然后再从该文件中读出所有字符。

程序代码:

```c
#include "stdio.h"
#include "stdlib.h"
main( )
{   FILE * fp; char ch;
    if ((fp = fopen("text3.txt","w")) == NULL)
    {
        printf("cannot open this file\n");
        exit(0);
    }
    while ((ch = getchar( ))!= '\n')
    fputc(ch,fp);
    fclose(fp);
    if ((fp = fopen("text3.txt","r")) == NULL)
    {
        printf("cannot open this file\n");
        exit(0);
    }
    while ((ch = fgetc(fp ))!= EOF)
    putchar(ch);
    fclose(fp);
}
```

注意在例 9-3 中如果文件打开错误,用 exit 函数退出当前程序,但需要在头文件中包含 stdlib.h。

9.3.2 字符串读写函数

字符串读写函数 fgets 和 fputs 能对 ASCII 文件一次读出或写入一行字符串。

1. 读字符串函数 fgets

fgetc 函数调用的一般形式为:

fgets(字符数组名,n,文件指针);

其中的 n 是一个正整数,表示从文件中读出 $n-1$ 个字符,当文件中的字符个数少于 $n-1$ 时,则读出文件中的所有字符。在读入的最后一个字符后自动加上串结束标志"\0"。

如果在读入 $n-1$ 个字符完成之前遇到换行符"\n"或文件结束符 EOF,则结束读入,但将遇到的换行符"\n"也作为一个字符送入字符数组中。fgets 函数返回值为字符数组 str 的首地址,如果遇到文件结束或出错,则返回 NULL。

例如：

fgets(str,n,fp);

意义是从 fp 所指的文件中读出 $n-1$ 个字符送入字符数组 str 中。

【例 9-4】 从 text4.txt 文件中读入一个含 10 个字符的字符串。

程序代码：

```
#include<stdio.h>
#include<stdlib.h>
main()
{ FILE *fp;
  char str[11];
  if((fp=fopen("text4.txt","r"))==NULL)
  {
        printf("Cannot open this file\n");
        exit(1);
   }
  fgets(str,11,fp);
  printf("\n%s\n",str);
  fclose(fp);
}
```

文件 text4.txt 中的内容为 abcdefghijklmn。

程序运行结果为：

abcdefghij

程序说明：程序中定义了一个字符数组 str 共 11 个字节，在以读方式打开文件后，从中读出 10 个字符送入 str 数组，在数组最后一个单元内将加上"\0"，然后在屏幕上显示输出 str。

2. 写字符串函数 fputs

fputs 函数实现写一个字符串到指定文件中，其调用的一般形式为：

fputs(字符串,文件指针);

其中字符串可以是字符串常量，也可以是字符数组名，或指针变量。

例如：

fputs("abcd",fp);

意义是把字符串"abcd"写入 fp 所指的文件之中。

【例 9-5】 从键盘输入字符串，并保存到文件中。

程序代码：

```
#include<stdio.h>
#include<stdlib.h>
```

```
#include <string.h>
main()
{   FILE * fp;
    char str[100];
    if((fp = fopen("text5.txt","w")) == NULL)
    {
        printf("Cannot open this file");
        exit(0);
    }
    printf("please input strings:\n");
    while( strlen(gets(str))> 0 )
    {
      fputs(str,fp);
      fputs("\n",fp);
    }
    fclose(fp);
}
```

程序运行情况：

please input strings:
23456
abcde

运行时，从键盘输入的字符被送到 str 字符数组。在循环体中用 fputs 函数把字符串输出到 text5.txt 文件中。如果键盘输入字符串时没有输入任何字符，只有回车，那么语句 strlen(gets(str))返回值为 0，循环结束。

9.3.3 数据块读写函数

为了方便对二进制文件的读写，C 语言中设置了两个函数（fread 和 fwrite），用来读写一个数据块。这两个函数不仅能进行成批数据的读写，而且还能读写任何类型的数据。

1. 读数据块函数 fread

调用形式为：

fread(buffer,size,count,fp);

函数说明：从文件指针 fp 当前指向的二进制文件中连续读出 count×size 个字节的内容，并存入首地址为 buffer 的内存区域中。

2. 写数据块函数 fwrite

调用形式为：

fwrite (buffer,size,count,fp);

函数说明：将内存中首地址为 buffer 的连续 count×size 个字节的值写入由 fp 指向的

二进制文件中去。fread 和 fwrite 函数的返回值为实际上已读入或输出的项数,即如果执行正确则返回 count 的值。

对以上两个函数的参数说明如下:

(1) buffer:是一个指针。对 fread 函数,它是读入数据的存放地址。对 fwrite 函数,是要输出数据的地址(以上指的均为起始地址)。

(2) size:要读写的字节数。

(3) count:要进行读写多少个 size 字节的数据。

(4) fp:文件型指针。

如果文件以二进制形式打开,用 fread 和 fwrite 函数就可以读写任何类型的信息,如

fread(f,sizeof(float),2,fp);

其中 f 是一个单精度浮点型数组名,一个单精度浮点型变量占 4 个字节,这个函数从 fp 所指向的文件读入 2 次(每次 4 个字节)数据,共 8 个字节存储到数组 f 中。如果 f 的数据类型与 size 不一致,虽然也可以读出数据,但数据内容就会发生变化。

【例 9-6】 从键盘输入一批学生数据到磁盘文件 text5.txt,然后从该文件中读出所有的数据并输出到屏幕。

程序代码:

```
#include "stdio.h"
#include "stdlib.h"
main()
{   struct
    {   char name[20];
        long num;
        float score;
    }stud;
    char numstr[81],ch; FILE * fp;
    if ((fp = fopen("text6.txt","w")) == NULL)
    {
        printf("cannot open this file\n"); exit(0);
    }
    printf("input student record(name,NO.,score):\n");
    do
    {
        gets(stud.name);
        gets(numstr);
        stud.num = atol(numstr);
        gets(numstr);
        stud.score = atof(numstr);
        fwrite(&stud,sizeof(stud),1,fp);
        printf("have another student record(y/n)?");
        ch = getchar( );
        getchar( );
    }while (ch == 'y');
    fclose(fp);
```

```
        if ((fp = fopen("text6.txt","r")) == NULL)
        {
            printf("cannot open this file\n");
            exit(0);
        }
        while (fread(&stud,sizeof(stud),1,fp) == 1)
            printf("%s,%ld,%f\n",stud.name,stud.num,stud.score);
        fclose(fp);
    }
```

程序运行情况如下：

```
input student record(name,NO.,score):
a
1001
90.5
have another student record(y/n)?y
b
1002
80
have another student record(y/n)?n
a,1001,90.500000
b,1002,80.000000
```

为了方便学生信息的记录，在程序中定义了一个结构体类型变量。写入文件中的学号和成绩为数值型，非文本型，所以需要 atol 和 atof 函数进行文本到数值的转换。特别注意的是在输入学生信息的 do 循环中，最后要多加一个 getchar 语句，目的是获取回答 y/n 的回车符，否则该回车符会被下一条学生记录的学生姓名语句 gets(stud.name)所获取，会造成录入信息的混乱。

【例 9-7】 将 100 至 120 之间的素数存到文件 data.txt 中。

程序代码：

```
#include <stdio.h>
#include <stdlib.h>
#include <math.h>
void main()
{ FILE *fp;
  int n,r,k;
  if((fp = fopen("data.txt","wb")) == NULL)
  {
      printf("This file can not opened!");
      exit(0);
  }
  for(n = 101; n < 120; n = n + 2)
  {
      r = sqrt(n);
      for(k = 2; k <= r; k++)
```

```
            if(n%k==0) break;
            if(k>r)
            {
                fwrite(&n,sizeof(int),1,fp);
                printf(" %d",n);
            }
        }
        fclose(fp);
    }
```

程序运行结果：

101 103 107 109 113

程序说明：程序运行通过简单算法识别 100 至 120 之间的素数并保存到文件 data.txt 中，结果在屏幕上显示。文件 data.txt 是以二进制形式创建的，通过文本编辑器直接查看其内容时看到的只是乱码。

9.3.4 格式化读写函数

C 语言提供一个格式化输入函数 fscanf，函数的调用格式为：

fscanf（文件指针,格式字符串,输入变量）;

其功能是按格式字符给定的格式将文件中的数据送到输入变量所指向的内存单元中去。函数返回值为已成功输入的数据个数。

C 语言提供一个格式化输出函数 fprintf，函数的调用格式为：

fprintf（文件指针,格式字符串,输出变量）;

其功能是把输出变量所指向的存储单元中的值按照指定的格式输出到指针所指向的文件中去。函数返回值为实际输出的字符数。

fscanf 函数、fprintf 函数与前面使用的 scanf 和 printf 函数的功能相似，都是格式化读写函数。两者的区别在于 fscanf 函数和 fprintf 函数的读写对象不是键盘或显示器，而是磁盘文件。

例如：

```
int m,n;
fscanf (fp," %d %d",&m,&n);
```

其意义是从 fp 所指向的文件中，取出数据赋给 m 和 n。

```
int a=128,b=256;
fprintf (fp," %3d %5d",a,b);
```

其意义是将 a 和 b 的值按格式"%3d%5d"写到 fp 所指向的文件中。

【例 9-8】 从键盘上输入格式数据到文件 text8.txt 中，然后再从该文件中读出所有格式数据。

程序代码：

```c
#include "stdio.h"
#include "stdlib.h"
#include "string.h"
main( )
{   FILE *fp;
    char name[20];
    int num,k;
    float score;
    if ((fp = fopen("text8.txt","w")) == NULL)
    {
        printf("cannot open this file\n");
        exit(0);
    }
    printf("please input some students:name,num,score\n");
    scanf("%s %d %f",name,&num,&score);
    fprintf(fp,"%s %d %f",name,num,score);
    fclose(fp);
    if ((fp = fopen("text8.txt","r")) == NULL)
    {
        printf("cannot open this file\n");exit(0);
    }
    k = fscanf(fp,"%s %d %f",name,&num,&score);
    printf( "get %d numbers from file: %s %d %f", k,name,num,score);
    fclose(fp);
}
```

程序运行情况：

```
please input some students:name,num,score
a 1 100
get 3 numbers from file: a 1 100.000000
```

9.4　文件定位函数

上面介绍的对文件的读写都是顺序读写，即从文件的开头逐个数据读或写。文件中有一个"读写位置指针"，指向当前读或写的位置。在顺序读写时，每读或写一个数据后，位置指针就自动移到它后面一个位置。如果读写的数据项包含多个字节，则对该数据项读写完后位置指针移到该数据项之末。

在实际读写文件中，常常希望能直接读到某一数据项而不是按物理顺序逐个地读下来。这种可以任意指定读写位置的操作称为文件的随机读写。实现办法就是通过移动位置指针到所需要的地方，就可以实现随机读写。C语言提供了文件定位函数，可移动指针到需要处。

9.4.1 重置文件指针函数

函数的调用格式为：

rewind(文件指针);

函数功能：移动文件指针到文件的开始处,函数无返回值。

【例 9-9】 将 text8.txt 的内容输出到屏幕上,并将其写到 text9.txt 中。

程序代码：

```
#include <stdio.h>
void main()
{   FILE *fp1,*fp2;
    char ch;
    fp1 = fopen("text8.txt","r");
    fp2 = fopen("text9.txt","w");
    ch = fgetc(fp1);
    while(!feof(fp1))                /*将文件e1的内容输出到屏幕上*/
    {
        putchar(ch);
        ch = fgetc(fp1);
    }
    rewind(fp1);                     /*将文件1的指针移到开始处*/
    ch = fgetc(fp1);
    while(!feof(fp1))                /*将文件1的内容写到文件2中*/
    {
        fputc(ch,fp2);
        ch = fgetc(fp1);
    }
    fclose(fp1);
    fclose(fp2);
}
```

9.4.2 文件定位函数

fseek 函数的功能是使位置指针移动到所需的位置,函数调用格式为：

fseek(文件类型指针,位移量,起始点);

其中,起始点是指用数字代表以什么地方作为基准进行移动。0,1,2 分别代表文件的开头、当前位置和结尾。如果位移量为正数则表示以起始点为基点向前移动的字节数,否则表示以起始点为基点向后移动的字节数。位移量应该为 long 型数据,这样当文件长度很长时,位移量仍在 long 型数据的表示范围,例如：

```
fseek(fp,100L,0);      /*将指针移动到第 100 个字节处
fseek(fp,-80L,1);      /*将指针从当前的第 100 个字节处头移动 80 个字节,即第 20 个字节处
fseek(fp,60L,2);       /*将指针移动到文件倒数第 60 个字节处
```

使用时应注意，fseek 函数仅适用于二进制文件，若用于 ASCII 文件，由于字符在输入输出时需要做内码转换，会造成位置出错而使 fseek 函数调用失败。

【例 9-10】 任意指定输出 text9.txt 文件中的一条记录。

程序代码：

```
#include "stdio.h"
#include "stdlib.h"
main( )
{   struct
    {   char name[20];
        int num;
        float score;

    }stud;
    FILE *fp;
    long offset;
    int recno;
    if ((fp = fopen("text9.txt","r")) == NULL)
    {
        printf("cannot open this file\n");
        exit(0);
    }
    printf("enter record number:");
    scanf("%d",&recno);
    offset = (recno - 1) * sizeof(stud);
    if (fseek(fp,offset,0)!= 0)
    {
        printf("cannot move pointer there.\n");
        exit(0);
    }
    fread(&stud,sizeof(stud),1,fp);
    printf("%s, %d, %f\n",stud.name,stud.num,stud.score);
    fclose(fp);
}
```

程序运行情况：

enter record number:1
a 1 100.000000

因为文件 text9.txt 中只有一条记录，如果输入 2，文件读取将会报错。

9.4.3 取指针位置函数

ftell 函数的作用是告诉用户位置指针的当前位置，函数调用格式为：

ftell(文件指针);

函数返回值为长整型的当前读写位置，若有错误则返回 -1。

例如：

```
fseek(fp, -60L,1);
if (ftell(fp) == -1L)        /* 若指针位置有错,则给出提示信息,并结束程序执行 */
{
    printf("Error!\n);
    exit(0);
}
```

9.5 文件出错检测函数

在磁盘的输入输出操作中，可能会出现各种各样的错误。例如磁盘介质缺陷或磁盘驱动器未准备好、文件路径不正确等都会造成文件的读写错误。需要注意的是大多数标准 I/O 函数并不具有明确的出错信息返回。例如，如果调用 fputc 函数返回 EOF，它可能表示文件结束，也可能是调用失败而出错。调用 fgets 时，如果返回 NULL，它可能是文件结束，也可能是出错。C 语言提供了几个用于文件读写出错检测的函数。

9.5.1 读写出错检测函数

函数调用格式：

ferror(文件指针);

函数功能：检查文件在用各种输入输出函数进行读写时是否出错，若 ferror 返回值为 0 表示未出错，否则表示有错。

例如：

```
if(ferror(fp))
{
    printf("file can't i/o\n");
    fclose(fp);
    exit(0);
}
```

其中，调用 fopen 函数时，ferror 函数初值自动置为 0。对同一个文件，每次调用 ferror 函数都会产生一个新的 ferror 函数值与之对应，因此对文件执行一次读写后，应及时检查 ferror 函数的值是否正确，以避免数据的丢失。

9.5.2 清除文件出错标志函数

若对文件读写时出现错误，ferror 函数就返回一个非零值，而且该值一直保持到对文件的下一次读写为止。clearerr 函数能清除出错标志，使 ferror 函数值复位为 0。

函数调用格式为：

clearer (文件指针);

9.5.3 关闭文件函数

当文件操作出现错误的时候，为了避免数据丢失，正常返回操作系统，可以调用过程控制函数 exit 关闭文件，终止程序的执行。

函数调用格式为：

exit([status]);

函数功能：写出当前程序打开的文件在缓冲区中的所有数据，关闭当前程序所有已打开的文件，程序按正常情况由 main 函数结束并返回操作系统。

其中 status 为状态值，它被传递到调用函数。若 status 取零值，表示程序正常终止，否则表示因错而终止。若缺省无返回值。

【例 9-11】 对 text11.txt 文件内容进行统计，计算文件中大写字母、小写字母、空格和其他字符的个数。

程序代码：

```
# include <stdio.h>
# include <ctype.h>
# include <stdlib.h>
void main()
{   FILE * fp;
    char in;
    int up,low,space,other;
    fp = fopen("text9.txt","r");
    if(fp == NULL)
    {
        printf("Cannot open this file");
        exit(0) ;
    }
    up = low = space = other = 0;
    while(fscanf(fp," % c",&in)!= EOF)
    {
      putchar(in);
      if(islower(in))    low++;
      else if(isupper(in)) up++;
      else if(isspace(in))   space++;
      else   other++;
    }
    fclose(fp);
    printf("\nup = % d low = % d space = % d other = % d\n",up,low,space,other);
}
```

程序运行结果：

a 1 100.000000
up = 0 low = 1 space = 2 other = 11

本章小结

本章主要介绍了文件的概念，缓冲文件系统和非缓冲文件系统的概念及其区别，文件类型指针，文件的打开和关闭，利用标准 I/O 提供的 4 种读写文件的方法对文件进行顺序读写和随机读写，文件操作的出错检测。通过本章的学习应掌握如何从文件中读取数据和向文件写入数据。区分读写一个字符、一个字符串、一个数据块的不同。在文件读写过程中，特别要注意文本文件与二进制文件的区别。

习题 9

9-1 从键盘输入 n 个学生信息，学生信息包含姓名、学号、年级、性别、成绩，把输入的信息存储到一个文件中。

9-2 编写程序，读取题 9-1 所生成的磁盘文件，并计算所有学生的平均成绩并显示在屏幕上。

9-3 对题 9-1 的程序进行修改，运行增加、删除、修改、查询学生信息的操作，并把修改过的信息保存到文件中。

9-4 将题 9-3 修改过的学生信息文件读出，要求以表格形式输出在屏幕上。

常用字符与ASCII代码对照表

ASCII 值	字符	ASCII 值	字符	ASCII 值	字符	ASCII 值	字符
000	NUL	032	(space)	064	@	096	`
001	SOH	033	!	065	A	097	a
002	STX	034	"	066	B	098	b
003	ETX	035	#	067	C	099	c
004	EOT	036	$	068	D	100	d
005	END	037	%	069	E	101	e
006	ACK	038	&	070	F	102	f
007	BEL	039	'	071	G	103	g
008	BS	040	(	072	H	104	h
009	HT	041	)	073	I	105	i
010	LF	042	*	074	J	106	j
011	VT	043	+	075	K	107	k
012	FF	044	,	076	L	108	l
013	CR	045	-	077	M	109	m
014	SO	046	.	078	N	110	n
015	SI	047	/	079	O	111	o
016	DLE	048	0	080	P	112	p
017	DC1	049	1	081	Q	113	q
018	DC2	050	2	082	R	114	r
019	DC3	051	3	083	S	115	s
020	DC4	052	4	084	T	116	t
021	NAK	053	5	085	U	117	u
022	SYN	054	6	086	V	118	v
023	ETB	055	7	087	W	119	w
024	CAN	056	8	088	X	120	x
025	EM	057	9	089	Y	121	y
026	SUB	058	:	090	Z	122	z
027	ESC	059	;	091	[	123	{
028	FS	060	<	092	\	124	|
029	GS	061	=	093	]	125	}
030	RS	062	>	094	^	126	~
031	US	063	?	095	_	127	DEL

附录 B　C语言中的关键字

auto				
break				
case	char	const	continue	
default	do	double		
else	enum	extern		
float	for			
goto				
if	int			
long				
register	return			
short	signed	sizeof	static	struct	switch
typedef				
union	unsigned			
void	volatile			
while				

附录 C 运算符和结合性

优先级	运算符	含义	要求运算对象的个数	结合方向
1	( )	圆括号		自左至右
	[ ]	下标运算符		
	->	指向结构体成员运算符		
	.	结构体成员运算符		
2	!	逻辑非运算符	1 (单目运算符)	自右至左
	~	按位取反运算符		
	++	自增运算符		
	--	自减运算符		
	-	负号运算符		
	(类型)	类型转换运算符		
	*	指针运算符		
	&	取地址运算符		
	sizeof	长度运算符		
3	*	乘法运算符	2 (双目运算符)	自左至右
	/	除法运算符		
	%	求余运算符		
4	+	加法运算符	2 (双目运算符)	自左至右
	-	减法运算符		
5	<<	左移运算符	2 (双目运算符)	自左至右
	>>	右移运算符		
6	< <= > >=	关系运算符	2 (双目运算符)	自左至右
7	==	等于运算符	2 (双目运算符)	自左至右
	!=	不等于运算符		
8	&	按位与运算符	2 (双目运算符)	自左至右
9	^	按位异或运算符	2 (双目运算符)	自左至右
10	|	按位或运算符	2 (双目运算符)	自左至右
11	&&	逻辑与运算符	2 (双目运算符)	自左至右

续表

优先级	运算符	含义	要求运算对象的个数	结合方向
12	||	逻辑或运算符	2 （双目运算符）	自左至右
13	?:	条件运算符	3 （三目运算符）	自右至左
14	= += -= *= /= %= >>= <<= &= ^= !=	赋值运算符	2 （双目运算符）	自右至左
15	,	逗号运算符（顺序求值运算符）		自左至右

说明：

（1）同一优先级的运算符，运算次序由结合方向决定。例如"*"与"/"具有相同的优先级别，其结合方向为自左至右，因此3*5/4的运算次序是先乘后除。"-"和"++"为同一优先级，结合方向为自右至左，因此-i++相当于-(i++)。

（2）不同的运算符要求有不同的运算对象个数，如+(加)和-(减)为双目运算符，要求在运算符两侧各有一个运算对象(如3+5、8-3等)。而++和-(负号)运算符是单目运算符，只能在运算符的一侧出现一个运算对象(如-a、i++、--i、(float) i、sizeof(int)、*p等)。条件运算符是C语言中唯一的一个三目运算符，如x? a: b。

（3）从上表中可以大致归纳出各类运算符的优先级。

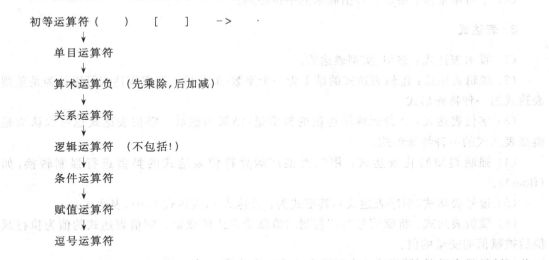

以上的优先级别由上到下递减。初等运算符优先级最高，逗号运算符优先级最低。位运算符的优先级比较分散(有的在算术运算符之前(如"~")，有的在关系运算符之前(如"<<"和">>")，有的在关系运算符之后(如"&"、"^"、"|"))。为了容易记忆，使用位运算符时可加圆括号。

附录 D C语言常用语法提要

1. 标识符

标识符可由字母、数字和下划线组成。标识符必须以字母或下划线开头，大小写字母分别认为是两个不同的字符。标识符的长度不要超过 32 个字符，尽管 C 语言规定标识符的长度最大可达 255 个字符，但是在实际编译时，只有前面 32 个字符能够被正确识别。

2. 常量

(1) 整型常量：十进制、八进制、十六进制、长整型常数。
(2) 字符常量：用单引号括起来的一个字符，可以使用转义字符。
(3) 实型常量(浮点型常量)：小数形式、指数形式。
(4) 字符串常量：用双引号括起来的字符序列。

3. 表达式

(1) 算术表达式：整型、实型表达式。
(2) 逻辑表达式：逻辑表达式的结果为一个整数(0 或 1)。逻辑表达式可以认为是整型表达式的一种特殊形式。
(3) 字位表达式：用位运算符连接的整型量，结果为整数。字位表达式也可以认为是整型表达式的一种特殊形式。
(4) 强制类型转化表达式：用"(类型)"运算符使表达式的类型进行强制转换，如(float)a。
(5) 逗号表达式(顺序表达式)，其形式为：表达式 1, 表达式 2, …, 表达式 n；
(6) 赋值表达式：将赋值号"="右侧的值赋给左边的变量。赋值表达式的值为执行赋值后被赋值的变量的值。
(7) 条件表达式，其形式为：逻辑表达式？表达式 1；表达式 2；。
逻辑表达式的值若为非零，则条件表达式的值取表达式 1 的值；若逻辑表达式的值为零，则条件表达式的值取表达式 2 的值。
(8) 指针表达式：对指针类型的数据进行运算，例如，$p-2$、$p1-p2$ 等(其中 p、$p1$、$p2$ 均已定义为指向数组的指针变量，$p1$ 与 $p2$ 是指向同一数组中的元素)，结果为指针类型。

4. 数据定义

对程序中需要用到的所有变量都需要进行定义。对数据要定义其数据类型,需要时还要定义其存储类别。

1) 类型识别符

```
int    short    long
unsigned
float    double
char
struct    union    enum
typedef
```

结构体类型的定义形式为：

```
struct       结构体名
    { 成员表列 };
```

共用体类型的定义形式为：

```
union       共用体名
    {成员表列};
```

枚举类型的定义形式为：

```
enum       枚举名
    {枚举值表};
```

类型定义符 typedef 的定义形式为：

```
typedef      类型原名      类型新名;
```

2) 存储类别

auto(自动变量。默认的,如不指定储存类别,做 auto 处理)
static(静态局部变量)
register(寄存器变量)
extern(外部变量)

3) 变量的定义形式

存储类别   数据类型   变量表列;

外部数据定义只能用 extern 或 static,而不能用 auto 或 register。若缺省,则按 extern 处理。

5. 函数定义

其形式为：

存储类别   数据类型   函数名(形参表列)
函数体

函数的存储类别只能用 extern 或 static,若缺省,则按 extern 处理。函数体是用花括号括起来的,可包括数据定义和语句。函数的定义举例如下:

```
static int max(int x, int y)
{int z;
z = x > y?x:y;
return 0;
}
```

6. 变量的初始化

可以在定义时对变量和数组指定初始值。

静态变量或外部变量如未初始化,系统自动使其初值为零(对数值型变量)或空(对字符数据)。对自动变量或寄存器变量,若为初始化,则其初值为一不可预测的数据。

7. 语句

(1) 表达式语句;
(2) 函数调用语句;
(3) 控制语句;
(4) 符合语句;
(5) 空语句。

其中控制语句包括:

① if(表达式)语句

或

if(表达式)语句 1
else 语句 2

或

if(表达式 1)语句 1
else if(表达式 2)语句 2
　　else if(表达式 3)语句 3
　　　　……
　　　　else if(表达式 $n-1$)语句 $n-1$
　　　　　　else 语句 n

② switch(表达式)
　{case 常量表达式 1: 语句组 1
　case 常量表达式 2: 语句组 2
　　……
　case 常量表达式 n: 语句组 n
　default: 语句组 $n+1$
　}

③ while(表达式)语句

④ do 语句
　while(表达式);

⑤ for(表达式 1;表达式 2;表达式 3)
　　语句

⑥ break

⑦ continue

⑧ return

⑨ goto

8. 预处理指令

```
# define   宏名   字符串
# define   宏名(参数 1,参数 2,…,参数 n)字符串
# undef    宏名
# include "文件名"(或<文件名>)
# if       常量表达式
# ifdef    宏名
# ifndef   宏名
# else
# endif
```

附录 E C库函数

库函数并不是 C 语言的一部分，它是由人们根据需要编制并提供用户使用的。每一种 C 编译系统都提供了一批库函数，不同的编译系统所提供的库函数的数目和函数名以及函数功能是不完全相同的。ANSI C 标准提出了一批建议提供的标准库函数，它包括了目前多数 C 编译系统提供的库函数，但也有一些是某些 C 编译系统未曾实现的。考虑到通用性，本书列出 ANSI C 标准建议提供的、常用的部分库函数。对多数 C 编译系统，可以使用这些函数的绝大部分。由于 C 库函数的种类和数目很多（例如，还有屏幕和图形函数、时间日期函数、与系统有关的函数等，每一类函数又包括各种功能的函数），限于篇幅，本附录不能全部介绍，只从教学需要的角度列出最基本的。读者在编制 C 程序时可能要用到更多的函数，请查阅所用系统的手册。

1. 数学函数

使用数学函数时，应该在该源文件中使用以下命令行：

‡ include <math.h> 或 ‡ include "math.h"

函数名	函数原型	功　能	返　回　值	说明
abs	int abs (int x);	求整数 x 的绝对值	计算结果	
acos	double acos (double x);	计算 $\cos^{-1}(x)$ 的值	计算结果	x 应在 -1 到 1 范围内
asin	double asin (double x);	计算 $\sin^{-1}(x)$ 的值	计算结果	x 应在 -1 到 1 范围内
atan	double atan (double x);	计算 $\tan^{-1}(x)$ 的值	计算结果	
atan2	double atan2 (double x, double y);	计算 $\tan^{-1}(x/y)$ 的值	计算结果	
cos	double cos (double x);	计算 $\cos(x)$ 的值	计算结果	x 的单位为弧度
cosh	double cosh (double x);	计算 x 的双曲余弦 $\cosh(x)$ 的值	计算结果	
exp	double exp (double x);	求 e^x 的值	计算结果	
fabs	double fabs (double x);	求 x 的绝对值	计算结果	
floor	double floor (double x);	求出不大于 x 的最大整数	该整数的双精度实数	

续表

函数名	函数原型	功　　能	返　回　值	说明
fmod	double fmod (double x, double y);	求整除 x/y 的余数	返回余数的双精度数	
frexp	double frexp(double val, int * eptr);	把双精度数 val 分解为数字部分(尾数)x 和以 2 为底的指数 n，即 val=$x*2^n$，n 存放在 eptr 指向的变量中	返回数字部分 x ($0.5 \leqslant x < 1$)	
log	double log (double x);	求 $\log_e x$，即 $\ln x$	计算结果	
log10	double log10 (double x);	求 $\log_{10} x$	计算结果	
modf	double modf(double val, int * iptr);	把双精度数 val 分解为整数部分和小数部分，把整数部分存在 iptr 指向的单元	val 的小数部分	
pow	double pow (double x, double y);	计算 x^y 的值	计算结果	
rand	int rand (void);	产生—90 到 32 767 间的随机整数	随机整数	
sin	double sin (double x);	计算 $\sin x$ 的值	计算结果	x 的单位为弧度
sinh	double sinh (double x);	计算 x 的双曲正弦函数 $\sinh(x)$ 的值	计算结果	
sqrt	double sqrt (double x);	计算 $\sqrt{x}$	计算结果	$x \geqslant 0$
tan	double tan (double x);	计算 $\tan(x)$ 的值	计算结果	x 的单位为弧度
tanh	double tanh (double x);	计算 x 的双曲正切函数 $\tanh(x)$ 的值	计算结果	

2. 字符函数和字符串函数

ANSI C 标准要求在使用字符串函数时要包含头文件 string.h，在使用字符函数时要包含头文件 ctype.h。有的 C 编译不遵循 ANSI C 标准的规定，而用其他名称的头文件。请使用时查有关手册。

函数名	函数原型	功　　能	返　回　值	包含文件
isalnum	int isalnum (int ch);	检查 ch 是否是字母(alpha)或数字(numeric)	是字母或数字返回 1；否则返回 0	ctype.h
isalpha	int isalpha (int ch);	检查 ch 是否是字母	是，返回 1；不是，则返回 0	ctype.h
iscntrl	int iscntrl (int ch);	检查 ch 是否是控制字符(其 ASCII 码在 0 和 0x1F 之间)	是，返回 1；不是，返回 0	ctype.h
isdigit	int isdigit (int ch);	检查 ch 是否是数字(0~9)	是，返回 1；不是，返回 0	ctype.h

续表

函数名	函数原型	功　　能	返　回　值	包含文件
isgraph	int isgraph (int ch);	检查 ch 是否可打印字符（其 ASCII 码在 0x21 到 0x7E 之间），不包括空格	是，返回 1；不是，返回 0	ctype.h
islower	int islower (int ch);	检查 ch 是否是小写字母（a～z）	是，返回 1；不是，返回 0	ctype.h
isprint	int isprint (int ch);	检查 ch 是否可打印字符（包括空格），其 ASCII 码在 0x20 到 0x7E 之间	是，返回 1；不是，返回 0	ctype.h
ispunct	int ispunct (int ch);	检查 ch 是否是标点字符（不包括空格），即除字母、数字和空格以外的所有可打印的字符	是，返回 1；不是，返回 0	ctype.h
isspace	int isspace (int ch);	检查 ch 是否是空格、跳格符（制表符）或换行符	是，返回 1；不是，返回 0	ctype.h
isupper	int isupper (int ch);	检查 ch 是否是大写字母（A～Z）	是，返回 1；不是，返回 0	ctype.h
isxdigit	int isxdigit (int ch);	检查 ch 是否是一个十六进制数字字符（即 0～9，或 A 到 F，或 a～f）	是，返回 1；不是，返回 0	ctype.h
strcat	char * strcat (char * str1, char * str2);	把字符串 str2 接到 str1 后面，str1 最后面的 '\0' 被取消	str1	string.h
strchr	char * strchr (char * str, int ch);	找出 str 指向的字符串中第一次出现字符 ch 的位置	返回指向该位置的指针，如找不到，则返回空指针	string.h
strcmp	int strcmp (char * str1, char * str2);	比较两个字符串 str1, str2	str1<str2,返回负数 str1=str2,返回 0 str1>str2,返回正数	string.h
strcpy	int strcpy (char * str1, char * str2);	把 str2 指向的字符串复制到 str1 中去	返回 str1	string.h
strlen	unsigned int strlen (char * str);	统计字符串 str 中字符的个数（不包括终止符 '\0'）	返回字符个数	string.h
strstr	int strstr (char * str1, char * str2);	找出 str2 字符串在 str1 字符串中第一次出现的位置（不包括 str2 的串结束符）	返回该位置的指针，如找不到，返回空指针	string.h
tolower	int tolower (int ch);	将 ch 字符转换为小写字母	返回 ch 所代表的字符的小写字母	ctype.h
toupper	int toupper (int ch);	将 ch 字符转换成大写字母	与 ch 相应的大写字母	ctype.h

3. 输入输出函数

凡用以下的输入输出函数，应该使用 #include<stdio.h> 把 stdio.h 头文件包含到源程序文件中。

函数名	函数原型	功 能	返 回 值	说明
clearerr	void clearerr（FILE * fp）;	使 fp 所指文件的错误，标志和文件结束标志置零	无	
close	int close (int fp);	关闭文件	关闭成功返回 0；否则返回－1	非 ANSI 标准
creat	int creat（char * filename, int mode）;	以 mode 所指定的方式建立文件	成功则返回正数；否则返回－1	非 ANSI 标准
eof	Int eof (int fd);	检查文件是否结束	遇文件结束，返回 1；否则返回 0	非 ANSI 标准
fclose	int fclose（FILE * fp）;	关闭 fp 所指的文件，释放文件缓冲区	有错则返回非 0；否则返回 0	
feof	int feof（FILE * fp）;	检查文件是否结束	遇文件结束符返回非零值；否则返回 0	
fgetc	int fgetc（FILE * fp）;	从 fp 所指定的文件中取得下一个字符	返回所得到的字符，若读入出错，返回 EOF	
fgets	char * fgets（char * bu-f, int n, FILE * fp）;	从 fp 指向的文件读取一个长度为($n-1$)的字符串，存入起始地址为 buf 的空间	返回地址 buf，若遇文件结束或出错，返回 NULL	
fopen	FILE * fopen（char * format, args, ...）;	以 mode 指定的方式打开名为 filename 的文件	成功，返回一个文件指针（文件信息区的起始地址）；否则返回 0	
fprintf	int fprintf（FILE * fp, char * format, args, ...）;	把 args 的值以 format 指定的格式输出到 fp 所指定的文件中	实际输出的字符数	
fputc	int fputc (char ch, FILE * fp);	将字符 ch 输出到 fp 指向的文件中	成功，则返回该字符；否则返回非 0	
fputs	int fputs（char * str, FILE * fp）;	将 str 指向的字符串输出到 fp 所指定的文件	成功返回 0；若出错返回非 0	
fread	int fread（char * pt, unsigned size, unsigned n, FILE * fp）;	从 fp 所指定的文件中读取长度为 size 的 n 个数据项，存到 pt 所指向的内存区	返回所读的数据项个数，如遇文件结束或出错返回 0	
fscanf	int fscanf（FILE * fp, char format, args,...）;	从 fp 指定的文件中按 format 给定的格式将输入数据送到 args 所指向的内存单元(args 是指针)	已输入的数据个数	
fseek	int fseek（FILE * fp, long offset, int base）;	将 fp 所指向的文件的位置指针移到以 base 所给出的位置为基准、以 offset 为位移量的位置	返回当前位置；否则，返回－1	
ftell	long ftell（FILE * fp）;	返回 fp 所指向的文件中的读写位置	返回 fp 所指向的文件中的读写位置	

续表

函数名	函数原型	功　能	返　回　值	说明
fwrite	int fwrite（char * ptr, unsigned size, unsigned n, FILE * fp）；	把 ptr 所指向的 n * size 个字节输出到 fp 所指向的文件中	写到 fp 文件中的数据项的个数	
getc	int getc（FILE * fp）；	从 fp 所指向的文件中读入一个字符	返回所读的字符，若文件结束或出错，返回 EOF	
getchar	int getchar（void）；	从标准输入设备读取下一个字符	所读字符。若文件结束或出错，则返回 −1	
getw	int getw（FILE * fp）；	从 fp 所指向的文件读取下一个字（整数）	输入的整数。如文件结束或出错，返回 −1	非 ANSI 标准函数
open	int open（char * filename, int mode）；	以 mode 指出的方式打开已存在的名为 filename 的文件	返回文件号（正数）；如打开失败，返回 −1	非 ANSI 标准函数
printf	int printf（char * format, args,…）；	按 format 指向的格式字符串所规定的格式，将输出表列 args 的值输出到标准输出设备	输出字符的个数，若错，返回负数	format 可以是一个字符串，或字符数组的其实地址
putc	int putc（int ch, FILE * fp）；	把一个字符 ch 输出到 fp 所指的文件中	输出的字符 ch，若出错，返回 EOF	
putchar	int putchar（char ch）；	把字符 ch 输出到标准输出设备	输出的字符 ch，若出错，返回 EOF	
puts	int puts（char * str）；	把 str 指向的字符串输出到标准输出设备，将 '\0' 转换为回车换行	返回换行符，若失败，返回 EOF	
putw	int putw（int w, FILE * fp）；	将一个整数 w（即一个字）写到 fp 指向的文件中	返回输出的整数，若错，返回 EOF	非 ANSI 标准函数
read	int read（int fd, char * buf, unsigned count）；	从文件号 fd 所指示的文件中读 count 个字节到由 buf 指示的缓冲区中	返回正在读入的字节数，如遇文件结束返回 0，出错返回 −1	非 ANSI 标准函数
rename	int rename（char * oldname, char * newname）；	把由 oldname 所指的文件名，改为由 newname 所指的文件名	成功返回 0；出错返回 −1	
rewind	void rewind（FILE * fp）；	将 fp 指示的文件中的位置指针置于文件开头位置，并清除文件结束标志和错误标志	无	
scanf	int scanf（char * format, args,…）；	从标准输入设备按 format 指向的格式字符串所规定的格式，输入数据给 args 所指向的单元	读入并赋给 args 的数据个数，遇文件结束返回 EOF，出错返回 0	args 为指针
write	int write（int fd, char * buf, unsigned count）；	从 buf 指示的缓冲区输出 count 个字符到 fd 所标志的文件中	返回实际输出的字节数，如出错返回 −1	非 ANSI 标准函数

4. 动态存储分配函数

ANSI 标准建议设 4 个有关的动态存储分配的函数，即 calloc( )、malloc( )、free( )、realloc( )。实际上，许多 C 编译系统实现时，往往增加了一些其他函数。ANSI 标准建议在 stdlib.h 头文件中包含有关的信息，但许多 C 编译系统要求用 malloc.h 而不是 stdlib.h。读者在使用时应查阅有关手册。

ANSI 标准要求动态分配系统返回 void 指针。void 指针具有一般性，它们可以指向任何类型的数据。但目前有的 C 编译所提供的这类函数返回 char 指针。无论以上两种情况的哪一种，都需要用强制类型转换的方法把 void 或 char 指针转换成所需的类型。

函数名	函数原型	功　能	返　回　值
calloc	void * calloc (unsigned n, unsign size);	分配 n 个数据项的内存连续空间，每个数据项的大小为 size	分配内存单元的起始地址，如不成功，返回 0
free	void free (void * p);	释放 p 所指的内存区	无
malloc	void * malloc (unsigned size);	分配 size 字节的存储区	所分配的内存区起始地址，如内存不够，返回 0
realloc	void * realloc (void * p, unsigned size);	将 p 所指出的已分配内存区的大小改为 size，size 可以比原来分配的空间大或小	返回指向该内存区的指针

参 考 文 献

[1] 王丽君.C语言程序设[M].北京：清华大学出版社,2009.
[2] 谭浩强.C语言程序设计(第3版)[M].北京：清华大学出版社,2007.
[3] 顾治华.C语言程序设计(第2版)[M].北京：机械工业出版社,2012.
[4] 张秀萍.C语言程序设计[M].北京：科技出版社,2012.
[5] 王志立.C语言程序设计[M].北京：地质出版社,2009.
[6] 康莉.零基础学C语言(第2版)[M].北京：机械工业出版社,2012.
[7] 郑山红.C语言程序设计(第2版)[M].北京：人民邮电出版社,2012.
[8] 陈东方.C语言程序设计基础.北京：清华大学出版社,2010.
[9] 王敬华.C语言程序设计教程(第2版)[M].北京：清华大学出版社,2009.